郎佳红　程木田　编

电工电子技术与应用习题精解

全国电力行业「十四五」规划教材

中国电力教育协会高校电气类专业精品教材

中国电力出版社
CHINA ELECTRIC POWER PRESS

内 容 提 要

本书为中国电力教育协会高校电气类专业精品教材《电工电子技术与应用（第二版）》（郎佳红主编）的配套学习辅导书。全书按照教材内容顺序，先提纲挈领地介绍了各章的核心内容，然后给出了核心内容导读图，最后针对各章习题逐一进行剖析解答。核心内容导读图提炼出了各章核心内容，重难点突出，脉络清晰，前后连贯。习题解答思路清晰，分析详尽，解答精炼，循序渐进地为读者提供完整详实的解析过程。

本书可作为在校大学生和在职学生学习电工电子技术类课程的辅助材料，也可作为相关专业学生考研强化复习资料和教师的教学参考书。

图书在版编目（CIP）数据

电工电子技术与应用习题精解/郎佳红，程木田编 . —北京：中国电力出版社，2024.6
ISBN 978 - 7 - 5198 - 7444 - 5

Ⅰ.①电… Ⅱ.①郎… ②程… Ⅲ.①电工技术－高等学校－题解 ②电子技术－高等学校－题解
Ⅳ.①TM－44②TN－44

中国国家版本馆 CIP 数据核字（2024）第 052266 号

出版发行：中国电力出版社
地　　址：北京市东城区北京站西街 19 号（邮政编码 100005）
网　　址：http://www.cepp.sgcc.com.cn
责任编辑：乔　莉（010 - 63412535）
责任校对：黄　蓓　常燕昆
装帧设计：郝晓燕
责任印制：吴　迪

印　　刷：北京九州迅驰传媒文化有限公司
版　　次：2024 年 6 月第一版
印　　次：2024 年 6 月北京第一次印刷
开　　本：787 毫米×1092 毫米　16 开本
印　　张：8.25
字　　数：205 千字
定　　价：25.00 元

前　言

　　《电工电子技术与应用习题精解》是中国电力教育协会高校电气类专业精品教材《电工电子技术与应用（第二版）》配套的辅导教材，旨在帮助广大非电工科专业的读者更好学习电工电子技术的核心知识和领悟相关知识的精髓。本辅导教材具有以下几个特点。

　　知识要点突出：《电工电子技术与应用（第二版）》根据各章节的核心内容精心编排了章后习题，目的是达成"基本概念理解、基本方法的掌握，学以致用"。本辅导教材是依托各章节后习题，通过对习题的详细完整的分析与解答，温习各章节核心知识点，有效体现了教材 - 辅导、学习 - 训练的双重闭环。教材 - 教辅的配套使用更有利于读者对各个章节核心内容的学习，深度把握知识精髓及其内在联系。

　　知识点导读简练：针对各章节内容，编写简练的导读图，以便读者梳理各章核心知识点及其逻辑关系。根据简练知识点导读图，读者根据个人实际情况，针对性学习相关知识点，并开展对应习题训练，以便快捷把握、正确理解、熟练应用相关知识点。

　　习题解答完整详实：针对各章节后习题，遵循读者思维习惯，按照习题解析逻辑，步步深入，详细完整地给出习题解析思路，将习题解析的全过程展现给读者，以便读者全面领会习题解析中的每一个细节，真正消除理解误区。

　　本辅导教材由安徽工业大学教师郎佳红、程木田编写，郎佳红统稿，安徽工业大学李飞担任主审。本书在编写过程中，还得到安徽工业大学郑诗程等老师大力帮助，在此表示衷心的感谢。

　　限于编者水平，加之时间仓促，书中难免存在疏漏和不妥之处，敬请各位专家和广大读者批评指正。

编　者
2024 年 2 月

目　录

第 1 章　电路基本概念与定律

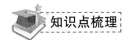 **知识点梳理**

一、电压、电流参考方向

1. 电压、电流参考方向表示形式

电压参考方向表示方法一般有极性法和双下标法两种。极性法是以"＋"指向"－"为参考方向。双下标法是以前下标指向后下标为参考方向。

电流参考方向表示方法一般有箭头法和双下标法两种，最常见的是用箭头法表示。若用箭头法表示，则箭头所指的方向为参考方向。若用双下标法表示，则前下标指向后下标的方向为参考方向。当电压、电流的参考方向一致，称为电压、电流参考方向关联；当电压、电流的参考方向不一致，称为电压、电流参考方向非关联。

2. 吸收功率与发出功率

吸收功率，若讨论对象的电压、电流方向一致，电压、电流的乘积表示吸收功率。判断是真吸收功率，还是真发出功率，需要把电压、电流具体值代入计算。若结果大于零，则为吸收功率；若结果小于零，则实际上为发出功率。

发出功率，若讨论对象的电压、电流方向不一致，电压、电流的乘积表示发出功率，判断是真发出功率，还是真吸收功率，需要把电压、电流具体值代入计算，若结果大于零，则为发出功率；若结果小于零，则实际上为吸收功率。

注意：在讨论电压、电流参考方向时，实际上并不关心电压、电流的数值是正值，还是负值。

二、元件及其 VCR

掌握元件及其 VCR 对电路解析与计算非常重要的。电工电子技术中主要电路元器件及其 VCR 见表 1-1。

表 1-1　　　　　主要电路元器件及其 VCR

名称	参考方向相关联		参考方向相非关联	
电阻		$u=Ri$		$u=-Ri$
电容		$i=C\dfrac{du}{dt}$		$i=-C\dfrac{du}{dt}$
电感		$u=L\dfrac{di}{dt}$		$u=-L\dfrac{di}{dt}$
电压源		电压源保持其电压不变，不能直接决定其电流		电压源保持其电压不变，不能直接决定其电流

名称	参考方向相关联		参考方向相非关联	
电流源		电流源保持其电流不变，不能直接决定其电压		电流源保持其电流不变，不能直接决定其电压

三、基尔霍夫定律

基尔霍夫定律分为基尔霍夫电流定律（KCL）和基尔霍夫电压定律（KVL），它是集总电路普遍遵循的重要定律，是电路解析中所要遵循的最根本的依据。依据基尔霍夫定律解析电路，关键要正确理解 KVL、KCL 的含义及其表示形式，以及 KVL、KCL 方程的有关变形。

KVL 是指在集总电路中，任意闭合回路，各元件电压代数和一定为零，可表示 $\sum u = 0$。$\sum u = 0$ 也可以按照顺时针或逆时针绕向，将 KVL 方程，变形为 $\sum U_{up} = \sum U_{down}$，方程中的 "up" "down"，是依据电压参考方向来决定的。若按照一定绕向，电压参考方向从 "＋" 到 "－"，则电压为 "down"，若从 "－" 到 "＋"，则电压为 "up"。这里的电压 "up" "down" 与电压的数值大小无关。对于求取某两点间电压，可以把此两点间电压放在某个回路中，列写 KVL 方程，进行计算。注意：两点间电压与路径选择无关。

KCL 是指在集总电路中，任意节点，与该节点相连的各条支路电流代数和一定为零，可表示 $\sum i = 0$。$\sum i = 0$ 也可以按照电流参考方向，将 KCL 方程，变形为 $\sum i_{in} = \sum i_{out}$，方程中的 "in" "out"，是依据电流参考方向来决定的，与电流的数值大小无关。

本章核心内容导读，如图 1-1 所示。

习题详解

【1-1】 根据图 1-2 所示，回答问题。

(1) 图 1-2（a）中，u 和 i 的参考方向是否关联？

(2) 图 1-2（a）中，u 和 i 的乘积表示什么功率？

(3) 如果在图 1-2（a）中，$u > 0$，$i > 0$，则元件实际上是吸收功率还是发出功率？

(4) 如果在图 1-2（b）中，$u > 0$，$i < 0$，则元件实际上是吸收功率还是发出功率？

解　按照以上分析，本题解答如下：

(1) 图 1-2（a）中，u 和 i 的参考方向一致，所以电压、电流参考方向为关联方向。

(2) 图 1-2（a）中，由于 u 和 i 的参考方向关联，所以 u 和 i 的乘积表示吸收功率。

(3) 图 1-2（a）中，由于 u 和 i 的参考方向关联，u 和 i 的乘积表示吸收功率；又由于 $u > 0$，$i > 0$，乘积必然大于零，所以元件实际上就是吸收功率。

(4) 图 1-2（b）中，由于 u 和 i 的参考方向非关联，u 和 i 的乘积表示发出功率；又由于 $u > 0$，$i < 0$，乘积必然小于零，所以元件实际上是吸收功率。

【1-2】 图 1-3 中，若分别以 N_A、N_B 作为分析对象，试问 u、i 的参考方向是否关联？此时 $u \cdot i$ 乘积分别对 N_A、N_B 意味着什么功率？

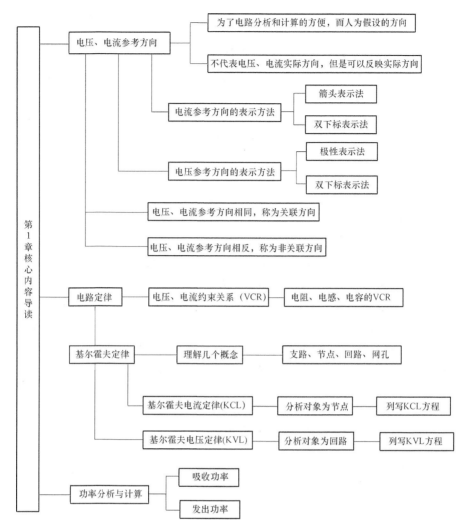

图 1-1　第 1 章核心内容导读图

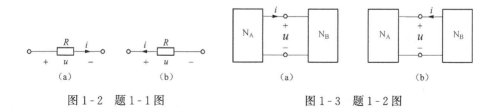

图 1-2　题 1-1 图　　　　　　　图 1-3　题 1-2 图

　　解　对于图 1-3（a），若 N_A 为讨论对象，则电压、电流参考方向不一致，为非关联方向，电压、电流的乘积为发出功率；若 N_B 为讨论对象，则电压、电流参考方向一致，为关联方向，两者的乘积为吸收功率。实际上无论是发出功率，还是吸收功率，都需要把具体的数值代入计算。

　　对于图 1-3（b），若 N_A 为讨论对象，则电压、电流参考方向一致，为关联方向，电压、电流的乘积为吸收功率；若 N_B 为讨论对象，则电压、电流参考方向不一致，为非关联方向，两者的乘积为发出功率。实际上无论是发出功率，还是吸收功率，都需要把具体的数值代入计算。

本题没有给定电压、电流具体的数值，所以只作定性分析。

【1-3】电路如图 1-4 所示，试求出各元件的功率，并注明是吸收功率还是发出功率。

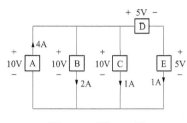

图 1-4　题 1-3 图

解　元件 A：电压、电流参考方向不一致，为非关联方向，$P=UI$ 表示发出功率。将电压、电流具体的数值代入计算得 $P=10\times4=40$（W），大于零，表示发出功率。

元件 B：电压、电流参考方向一致，为关联方向，$P=UI$ 表示吸收功率。将电压、电流具体的数值代入计算得 $P=10\times2=20$（W），大于零，表示吸收功率。

元件 C：电压、电流参考方向一致，为关联方向，$P=UI$ 表示吸收功率。将电压、电流具体的数值代入计算得 $P=10\times1=10$（W），大于零，表示吸收功率。

元件 D：电压、电流参考方向一致，为关联方向，$P=UI$ 表示吸收功率。将电压、电流具体的数值代入计算得 $P=5\times1=5$W，大于零，表示吸收功率。

元件 E：电压、电流参考方向一致，为关联方向，$P=UI$ 表示吸收功率。将电压、电流具体的数值代入计算得 $P=5\times1=5$W，大于零，表示吸收功率。

【1-4】如图 1-5（a）所示电路，试求网络 N 吸收的功率。

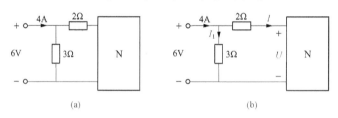

(a)　　　　　　　　　　(b)

图 1-5　题 1-4 图

解　标识如图 1-5（b）所示，可进行如下计算：

（1）$6=3I_1 \Longrightarrow I_1=2$A

（2）$I=4-I_1 \Longrightarrow I=4-2=2$（A）

（3）$U=6-2I \Longrightarrow U=6-2\times2=2$（V）

（4）分析对象 N，电压、电流参考方向一致，为关联方向，两者乘积为吸收功率。$P=U\times I=2\times2=4$（W），大于零，所以 N 吸收功率 4W。

【1-5】在指定的电压 u 和电流 i 参考方向下，如图 1-6 所示，写出各元件电压 u 和电流 i 的约束关系。

(a)　　　　　　(b)　　　　　　(c)　　　　　　(d)

图 1-6　题 1-5 图

解　对于图 1-6（a），电压、电流参考方向不一致，则 $u=-7i$。

对于图 1-6（b）图，电压、电流参考方向一致，则 $u=5i$。

对于图 1-6（c）图，电压、电流参考方向一致，则 $u=25i$。

对于图 1-6（d）图，电压、电流参考方向不一致，则 $u=-9i$。

【1-6】如图 1-7 所示一端口电路，试求则图中电压 u 和电流 i 的值。

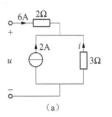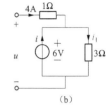

图 1-7　题 1-6 图

解　对于图 1-7（a）所示电路：

（1）列出 KCL 方程

$$6+2+i=0 \implies i=-8A$$

（2）按照图 1-8（a）电路中虚线所选路径和绕向，列 KVL 方程

$$u=2\times6-3\times i \implies u=12-3\times(-8)=36(V)$$

对于图 1-7（b）所示电路：

（1）列出 VCR 方程

$$6=3i_1 \implies i_1=2A$$

（2）列出 KCL 方程

$$4+i=i_1 \implies i=-2A$$

（3）按照图 1-8（b）电路中虚线所选路径和绕向，列 KVL 方程

$$u=4\times1+3\times i_1 \implies u=4+3\times2=10(V)$$

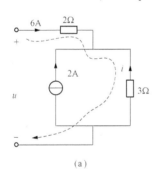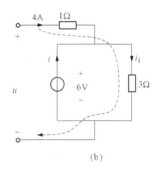

（a）　　　　　　　　　　　　　（b）

图 1-8　题 1-6 解析图

图 1-9　题 1-7 图

【1-7】电阻元件的电压、电流如图 1-9 所示，求通过电阻元件的电流 i。

解　对于图 1-10（a）所示的电路，2Ω 电阻的电压，为其两端电压差，即 $U=15-5=10$（V）。

根据电阻元件的 VCR，电压、电流参考方向关联，有 $u=2i \implies i=\dfrac{u}{2}=5A$。

对于图 1-10（b）所示的电路，电导为 0.2S，则其电阻为 $\dfrac{1}{0.2}=5\Omega$；其电压，即两端电压差，$u=1-(-1)=2V$。

根据电阻元件的 VCR，电压、电流方向非关

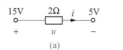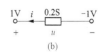

图 1-10　题 1-7 解析图

联，有 $u=-5i \Longrightarrow i=-\dfrac{2}{5}=-0.4$ （A）。

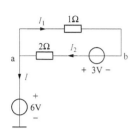

图 1-11　题 1-8 图

【1-8】电路如图 1-11 所示，试求 a、b 两点的电位。

解　不难分析 6V 电压源支路一定没有电流，即 $I=0$。列写节点 a 的 KCL 方程，和列写回路的 KVL 方程为

$$\begin{cases} I_1 = I_2 \\ 2\times I_2 + 1\times I_1 = 3 \end{cases}$$

解得　　　　　　　$I_1 = I_2 = 1A$

a 点的电位，即 a 点相对于参考点的电压，即 $U_a = 6V$。b 点的电位，即 b 点相对于参考点的电压，即

$$U_b = 6 - 1\times I_1 = 6 - 1\times 1 = 5(V)$$

【1-9】电路如图 1-12 所示，试求电路中电压 u 的值。

解　电路解析，如图 1-13 电路所示。列写虚线标记回路的 KVL 方程，即

$$6 = 1\times I + 2\times I \Longrightarrow I = 2A$$

故　　　　　　　$u = 1\times I = 1\times 2 = 2$ （V）

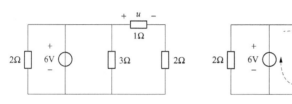

图 1-12　题 1-9 图　　　　　　　图 1-13　题 1-9 解析图

【1-10】电路如图 1-14 所示，其中 u_s 为理想电压源，试判断若外电路不变，仅仅改变电阻 R，问哪些支路上电流有变化。

解　根据题意，当理想电压源 u_s 且外电路不变，若仅仅改变电阻 R，由于电阻电压不变，所以电阻电流 $I_2 = \dfrac{u_s}{R}$ 发生改变。由于外电路为单端口，端口电压没有发生改变，所以端口电流 I_3 也不会发生改变。根据节点 KCL 方程 $I_1 = I_2 + I_3$，那么电压源上的电流 I_1 会发生改变。

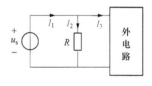

图 1-14　题 1-10 图

【1-11】如图 1-15 所示电路，欲使图中 $u_{AB}=5V$，则电压源 u_s 的值应取多少？

解　由题意，如图 1-16 电路，可列写 VCR、KCL、KVL 方程，分别如下：

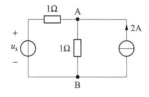 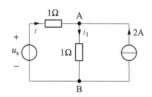

图 1-15　题 1-11 图　　　　图 1-16　题 1-11 解析图

列写电阻 VCR 方程，可得 $i_1 = \dfrac{u_{AB}}{1} = \dfrac{5}{1} = 5$（A）；

列写节点 KCL 方程，可得 $i = i_1 - 2 = 5 - 2 = 3$（A）；

列写左边回路的 KVL 方程，有 $u_s = i \times 1 + u_{AB} = 3 \times 1 + 5 = 8$（V）。

【1-12】如图 1-17 所示电路，试求电路中电流源和电压源提供的功率。

解　由图 1-18 所示电路结构，和相关参数，可列写如下方程：

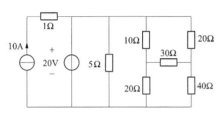

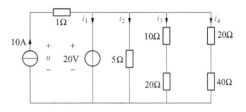

图 1-17　题 1-12 图　　　　　　　　　图 1-18　题 1-12 解析图

列写支路 VCR 方程，可得 $i_2 = \dfrac{20}{5} = 4$（A），$i_3 = \dfrac{20}{10+20} = \dfrac{2}{3}$（A），$i_4 = \dfrac{20}{20+40} = \dfrac{1}{3}$（A）；

列写节点 KCL 方程，可得 $10 = i_1 + i_2 + i_3 + i_4 \implies i_1 = 5A$；

列写最左边回路的 KVL 方程，可得 $u = 1 \times 10 + 20 = 30$（V）。

求 10A 电流源的功率，由于其电压与电流参考方向相反，则电压、电流的乘积表示发出功率，即 $P = u \times 10 = 30 \times 10 = 300$（W），大于零，说明电流源实际上是发出功率。

求 20V 电压源的功率，由于其电压与电流参考方向相同，则电压、电流的乘积表示吸收功率，即 $P = 20 \times i_1 = 20 \times 5 = 100$（W），大于零，电压源实际上是吸收功率，相当于负载。

第 2 章　电阻电路的一般分析方法

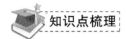 **知识点梳理**

一、电阻电路的一般解析方法

电阻电路的一般分析方法有支路电流法、回路电流法、网孔电流法、节点电压法等，解析电路的依据有 VCR、KCL 与 KVL 定律。

（1）支路电流法，主要是列写支路的 VCR 方程、回路的 KVL 方程以及节点的 KCL 方程。若电路支路有 b 条、节点有 n 个，回路 l 个。则支路 VCR 方程可列写 b 个，独立 KCL 方程可列 $n-1$ 个，独立 KVL 方程可列写 $[b-(n-1)]$ 个，所以支路电流法列写方程一般有 $2b$。若将支路的 VCR 方程代入到回路的 KVL 方程中，可将方程数量减少到 b 个。

（2）回路电流法，是列回路的 KVL 方程，独立的 KVL 方程有 $[b-(n-1)]$。网孔电流法，是针对网孔来列写 KVL 方程，独立方程的个数为网孔的数量。可以说，网孔电流法是回路电流法的特殊情况。

（3）节点电压法，是列写节点的 KCL 方程，独立方程个数为 $(n-1)$ 个。

每种方法都有各自的特点，需要掌握每一种解析方法的精髓。在电路解题的过程中，采用何种解析方法，这需要在实践和训练中去掌握。

二、电路定理

电路定理，通俗地讲就是对电路重新构建的一种手段或方法。利用电路定理可将复杂电路简化或将电路的局部用简单电路等效替代，以使电路分析计算得到简化。本章讲解的定理主要有叠加定理、替代定理、戴维南定理、诺顿定理等。

（1）叠加定理，是指在含有多个电源的线性电阻电路中，任意处的电压或电流等于每一个电源单独作用时在该处产生作用的叠加。当考虑一个电源作用结果时，其他的电源要置零，即电压源置零看成短路，电流源置零看成开路。叠加定理适合处理"黑箱"电路问题。"黑箱"电路问题，一般有两种情况：一是电路结构未知，二是电路参数未给定。对于"黑箱问题"处理，可将电路中待求的响应（电压或是电流）表示为电路各个电源的线性叠加。各个电源前的系数与电源的大小、方向的改变无关。注意，若电源性质发生改变，电源前的系数会发生改变。如电压源前的系数为 k_1，那么把电压源置换成电流源，电流源的系数就不一定是 k_1。

（2）替代定理，若某支路电流 i，那么该支路可用电流为 i 的电流源替代。若某支路两端电压 u，则支路可用电压为 u 的电压源代替。

（3）戴维南定理，对于含源线性电路单端口，可以等效为一个电压源和一个电阻的串联形式。该电压源为所等效端口的开路电压 U_{oc}，该电阻等于所等效端口的等效电阻 R_{eq} 或端口的输入电阻 R_{in}。注意，开路电压、等效电阻的含义与求解（求解端口等效电阻时，应将端口内独立电源置零，电压源置零看成短路，电流源置零看成开路）。戴维南定理等效示意图如图 2-1 所示。当含源端口对一负载提供功率，讨论负载在什么条件下获得最大功率的分析与计算，可采用戴维南定理。首先将负载 R_L 移去，然后将电路看成含源端口，应用戴维南定理对含源端口进行等效，等效成一个电压源（U_{oc}）和电阻（R_{eq}）的串联，最后将负载补上。当负载 $R_L = R_{eq}$ 时可获得最大功率，最大功率 $P_{max} = \dfrac{U_{oc}^2}{4R_{eq}}$。这种情况实际上就是最大功率传输定理。

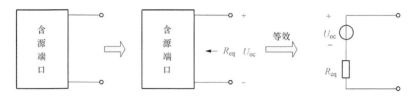

图 2-1　戴维南定理等效示意图

（4）诺顿定理，对于含源线性电路单端口，可以等效为一个电流源和一个电阻的并联形式。该电流源为所等效端口的短路电流 I_{sc}，该电阻等于所等效端口的等效电阻 R_{eq} 或端口的输入电阻 R_{in}。诺顿定理等效示意图，如图 2-2 所示。

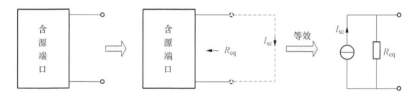

图 2-2　诺顿定理等效示意图

本章核心内容导读，如图 2-3 所示。

习题详解

【2-1】电路如图 2-4 所示，已知 $u_s = 20\text{V}$，试求电流 i。若使 $i = 0.25\text{A}$，则电压源 u_s 应为多少？

解　（1）由图 2-5 所示电路可知，由电路结构和相关参数，可列写方程

$$R_{eq} = R_2 // (R_3 + R_4) = 25 // (10 + 30) = 15.4(\Omega)$$

求解电阻 R_1 电流，为

$$I = \frac{u_s}{R_1 + R_{eq}} = \frac{20}{10 + 15.4} = 0.8(\text{A})$$

根据两并联电阻分流规则，则得

$$i = \frac{R_2}{R_2 + R_3 + R_4} I = \frac{25}{25 + 10 + 30} \times 0.8 = 0.3(\text{A})$$

（2）若 $i = 0.25\text{A}$，可得电流 I 为

$$I = \frac{(R_3 + R_4)i}{R_2} + i = \frac{(10 + 30) \times 0.25}{25} + 0.25 = 0.65(\text{A})$$

则所需电压源电压为

$$u_s = R_1 I + (R_3 + R_4)i = 10 \times 0.65 + (10 + 30) \times 0.25 = 16.5(\text{V})$$

【2-2】图2-6所示电路，已知 $i_s=12\text{A}$，试求电压 u。若使 $u=2\text{V}$，则电流源 i_s 应为多少？

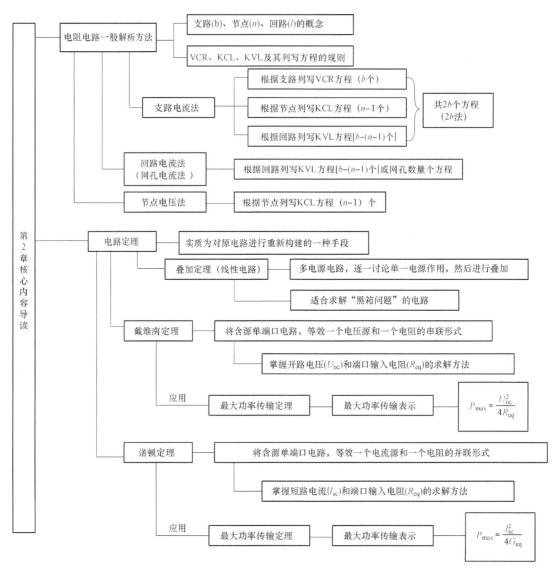

图2-3　第2章核心内容导读图

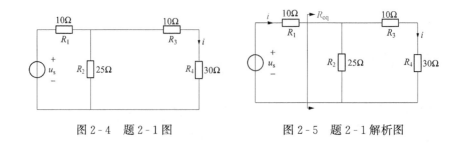

　　　图2-4　题2-1图　　　　　　　　　　图2-5　题2-1解析图

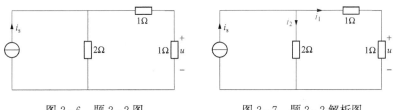

图 2-6　题 2-2 图　　　　　　图 2-7　题 2-2 解析图

解　（1）由图 2-7 所示电路可知，由两电阻支路分流规则，可列写方程

$$i_1 = \frac{2}{2+1+1}i_s = \frac{1}{2} \times 12 = 6(\text{A})$$

求 u，为

$$u = 1 \times i_1 = 1 \times 6 = 6(\text{V})$$

（2）若 $u = 2\text{V}$，可得电流 i_1 为

$$i_1 = \frac{u}{1} = \frac{2}{1} = 2(\text{A})$$

列写 VCR 方程，可得

$$i_2 = \frac{u}{1 \times 2}(1+1) = \frac{2}{2} \times 2 = 2(\text{A})$$

列写节点的 KCL 方程，可得

$$i_s = i_1 + i_2 = 2 + 2 = 4(\text{A})$$

【2-3】 电路如图 2-8 所示，已知 $u_{s1} = 6\text{V}$，$u_{s2} = 12\text{V}$，$R_1 = R_2 = R_3 = 2\Omega$。试利用叠加定理求解图中的电流 i。

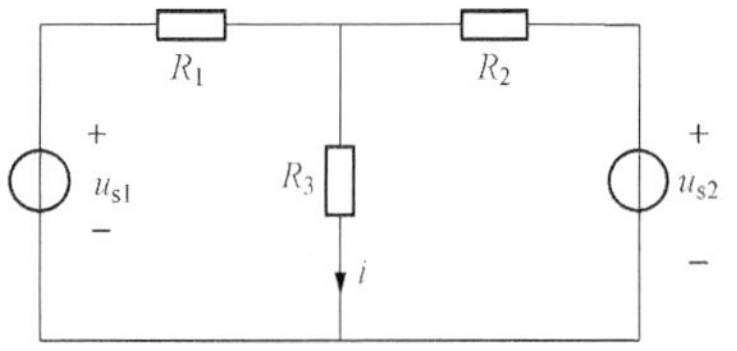

解　图 2-8 所示电路中有两个电压源，所以两个电压源应分别考虑，电路如图 2-9 所示。

对于图 2-9（a）所示电路，当电源 u_{s1} 单独作用时，电源 u_{s2} 置零，看成短路。

图 2-8　题 2-3 图

$$i^{(1)} = \frac{u_{s1}}{R_1 + R_2 // R_3} \cdot \frac{R_2}{R_2 + R_3} = \frac{6}{2 + 2//2} \times \frac{2}{2+2} = 1(\text{A})$$

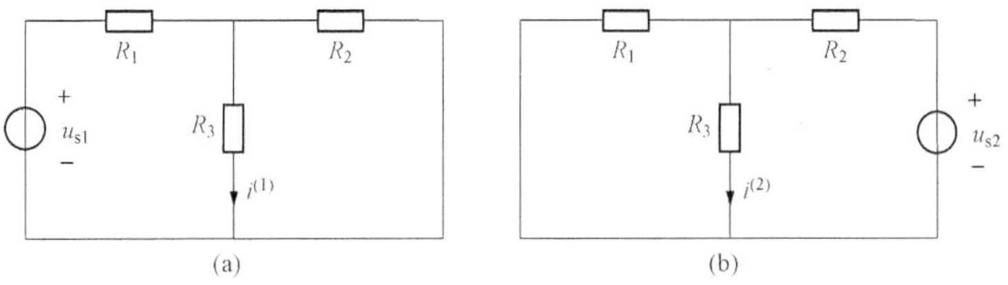

图 2-9　题 2-3 解析图

对于图 2-9（b）所示电路，当电源 u_{s2} 单独作用时，电源 u_{s1} 置零，看成短路。

$$i^{(2)} = \frac{u_{s2}}{R_2 + R_1 // R_3} \cdot \frac{R_1}{R_1 + R_3} = \frac{12}{2 + 2//2} \times \frac{2}{2+2} = 2(\text{A})$$

根据叠加定理，有

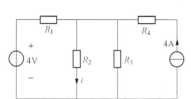

图 2-10　题 2-4 图

$$i = i^{(1)} + i^{(2)} = 1 + 2 = 3(\text{A})$$

【2-4】电路如图 2-10 所示，已知 $R_1 = R_4 = 2\Omega$，$R_2 = R_3 = 10\Omega$。试利用叠加定理求图中的电流 i。

解　图 2-10 所示电路中有两个电源，一个电压源，一个电流源，所以两个电源应分别考虑，电路如图 2-11 所示。

对于图 2-11（a）所示电路，当 4V 电压源单独作用时，4A 电流源置零，看成开路。

$$i^{(1)} = \frac{4}{R_1 + R_2 // R_3} \cdot \frac{R_3}{R_2 + R_3} = \frac{4}{2 + 10 // 10} \times \frac{10}{10 + 10} = \frac{2}{7}(\text{A})$$

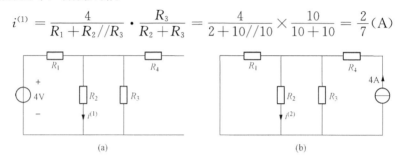

(a)　　　　　　　　　　　　　(b)

图 2-11　题 2-4 解析图

对于图 2-11（b）所示电路，当 4A 电流源单独作用时，4V 电压源置零，看成短路。

$$i^{(2)} = \frac{R_1 // R_3}{R_2 + R_1 // R_3} \times 4 = \frac{2 // 10}{10 + 2 // 10} \times 4 = \frac{4}{7}(\text{A})$$

根据叠加定理，有

$$i = i^{(1)} + i^{(2)} = \frac{2}{7} + \frac{4}{7} = \frac{6}{7}(\text{A})$$

【2-5】如图 2-12 所示电路中，N 为无源网络。已知当电流源 i_{s1} 和电压源 u_{s1} 反向时（u_{s2} 不变），端口电压 u_{ab} 是原来的 0.5 倍；当电流源 i_{s1} 和电压源 u_{s2} 反向时（u_{s1} 不变），端口电压 u_{ab} 是原来的 0.3 倍。试求若仅仅 i_{s1} 反向时（u_{s1}、u_{s2} 不变），电压 u_{ab} 是原来的多少倍？

解　根据题意，电压 u_{ab} 可表示为

$$u_{ab} = k_1 u_{s1} + k_2 u_{s2} + k_3 i_{s1} \qquad (2-1)$$

根据题意，可将以上式（2-1），写成如下形式

$$0.5 u_{ab} = k_1(-u_{s1}) + k_2 u_{s2} + k_3(-i_{s1}) \qquad (2-2)$$

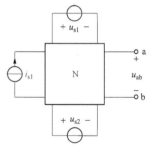

图 2-12　题 2-5 图

$$0.3 u_{ab} = k_1 u_{s1} + k_2(-u_{s2}) + k_3(-i_{s1}) \qquad (2-3)$$

若仅仅 i_{s1} 反向时（u_{s1}、u_{s2} 不变），电压 u_{ab} 的情况，只需将以上三个方程相加即可，即

$$1.8 u_{ab} = k_1 u_{s1} + k_2 u_{s2} + k_3(-i_{s1})$$

故，若仅仅 i_{s1} 反向时（u_{s1}、u_{s2} 不变），电压 u_{ab} 为原来的 1.8 倍。

【2-6】如图 2-13 所示电路中，N 为线性含源网络，已知当 $i_s = 0$，$u_s = 0$ 时，电流 $i = 1\text{A}$；当 $i_s = 0$，$u_s = 8\text{V}$ 时，电流 $i = 4\text{A}$；当 $i_s = 3\text{A}$，$u_s = 0$ 时，电流 $i = 2\text{A}$。试写出电流 i 与 u_s、i_s 之间的函数关系。

解　根据叠加定理处理"黑箱问题"的规律，设网络 N 的作用为 i_0，则电流 i 可设定为

$$i = k_1 u_s + k_2 i_s + i_0 \qquad (2\text{-}4)$$

根据题意，将有关条件参数代入式（2-4）中，可得

$$1 = k_1 \times 0 + k_2 \times 0 + i_0 \Longrightarrow i_0 = 1\text{A} \qquad (2\text{-}5)$$

$$4 = k_1 \times 8 + k_2 \times 0 + i_0 \Longrightarrow k_1 = \frac{3}{8} \qquad (2\text{-}6)$$

$$2 = k_1 \times 0 + k_2 \times 3 + i_0 \Longrightarrow k_2 = \frac{1}{3} \qquad (2\text{-}7)$$

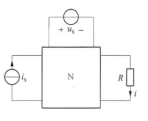

图 2-13　题 2-6 图

结合以上结果，将式（2-5）、式（2-6）、式（2-7）结果代入等式（2-4）中，可得电流 i 与 u_s、i_s 之间的函数关系，即

$$i = \frac{3}{8} u_s + \frac{1}{3} i_s + 1$$

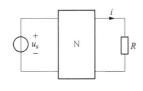

图 2-14　题 2-7 图

【2-7】如图 2-14 所示电路中，N 为线性含源网络，当 $u_s = 10\text{V}$ 时，测得 $i = 2\text{A}$；当 $u_s = 20\text{V}$ 时，测得 $i = 6\text{A}$；试求当 $u_s = -20\text{V}$ 时，i 的值。

解　根据叠加定理处理"黑箱问题"的规律，设网络 N 的作用为 i_0，则电流 i 可设定为

$$i = k u_s + i_0 \qquad (2\text{-}8)$$

根据题意，将有关条件参数代入等式（2-8）中，可得

$$2 = k \times 10 + i_0 \qquad (2\text{-}9)$$

$$6 = k \times 20 + i_0 \qquad (2\text{-}10)$$

由式（2-9）、式（2-10）可得到

$$k = 0.4, \quad i_0 = -2\text{A}$$

所以，当 $u_s = -20\text{V}$ 时，可解得

$$i = 0.4 \times (-20) + (-2) = -10(\text{V})$$

【2-8】如图 2-15 所示电路中，已知电压源 $u_s = 18\text{V}$，电流 $i = 6\text{A}$，试求网络 N 发出的功率。

解　如图 2-16 所示电路，列写左边回路的 KVL 方程，可得

$$18 = 3I + 6(6 + I) \Longrightarrow I = -2\text{A} \qquad (2\text{-}11)$$

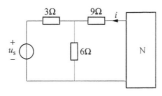

图 2-15　题 2-8 图

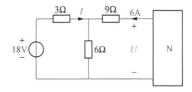

图 2-16　图 2-8 解析图

列写右边回路的 KVL 方程，如下

$$U = 9 \times 6 + 6(I + 6) \Longrightarrow U = 78\text{V} \qquad (2\text{-}12)$$

网络 N 功率，可以表示为

$$P = 6U = 6 \times 78 = 468(\text{W})$$

由于网络 N 端口电流 6A 与电压 U 的参考方向相反，两者的乘积表示发出功率，且大于零，所以网络 N 实际上是发出功率的。

【2-9】如图 2-17 所示电路中，已知电压源 $u_s = 12\text{V}$。当 S 开路时，电压 $u = 4\text{V}$；当 S 短路时，电流 $i = 2\text{A}$。试求 N 戴维南等效电路。

解　根据戴维南定理等效，可将电路等效成图 2-18 所示的电路形式。

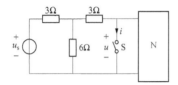　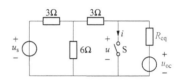

图 2-17　题 2-9 图　　　　　图 2-18　题 2-9 解析图

当 S 开路时，可得图 2-19（a）所示电路。

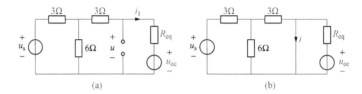

图 2-19　图 2-18 电路求解图

根据题意，可以列写方程如下：

$$\begin{cases} u = R_{eq} i_1 + u_{oc} & (2\text{-}13) \\ \dfrac{u_s - (3i_1 + u)}{3} = \dfrac{(3i_1 + u)}{6} + i_1 & (2\text{-}14) \end{cases}$$

整理式（2-13）、式（2-14），并代入题意给定的参数，可得如下方程

$$4R_{eq} + 5u_{oc} = 20 \qquad (2\text{-}15)$$

当 S 短路时，可得图 2-19（b）所示电路。

根据题意，可以列写方程

$$i = \frac{u_{oc}}{R_{eq}} + \frac{u_s}{3 + 3//6} \cdot \frac{6}{3 + 6} \qquad (2\text{-}16)$$

整理式（2-16），并代入题意条件给定的参数，可得如下方程

$$\frac{u_{oc}}{R_{eq}} + \frac{8}{5} = 2 \qquad (2\text{-}17)$$

结合式（2-15）、式（2-17），可解得

$$R_{eq} = \frac{10}{3}\Omega, \quad u_{oc} = \frac{4}{3}\text{V}$$

所以，原电路网络 N 部分，采用戴维南定理等效为 $\dfrac{4}{3}$V 电压源和 $\dfrac{10}{3}$Ω 电阻的串联形式。

【2-10】电路如图 2-20 所示，试求端口 ab 的戴维南等效电路。

解　根据戴维南定理等效，求解如图 2-21 所示端口电路的开路电压 U_{oc}。列写 KVL 方

程为

$$u_{oc} = -9 + 2 \times 3 = -3(V)$$

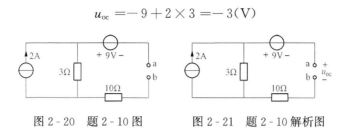

图 2 - 20　题 2 - 10 图　　　　　图 2 - 21　题 2 - 10 解析图

求解如图 2 - 21 所示端口电路的等效电阻 R_{eq}，先将端口内电源置零（电压源看成短路，电流源看成开路），则

$$R_{eq} = 3 + 10 = 13(\Omega)$$

所以，电路端口 ab 采用戴维南定理等效为 −3V 电压源和 13Ω 电阻的串联形式。

【2 - 11】如图 2 - 22 所示电路，试用戴维南定理求 4Ω 电阻所消耗的功率。

解　将图 2 - 22 所示电路中的 4Ω 支路移去，剩下部分看成单端口，电路如图 2 - 23（a）所示。利用戴维南定理对端口进行等效，求解如图 2 - 23（a）所示端口电路的开路电压 U_{oc}、R_{eq}。

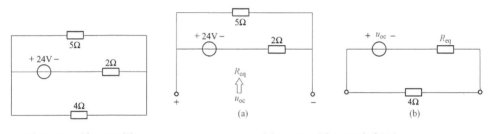

图 2 - 22　题 2 - 11 图　　　　　图 2 - 23　题 2 - 11 解析图

列写方程，求解如下

$$u_{oc} = \frac{24}{5 + 2} \times 5 = \frac{120}{7} = 17.14(V), R_{eq} = 5//2 = \frac{10}{7} = 1.43(\Omega)$$

图 2 - 22 所示电路的戴维南等效电路，如图 2 - 23（b）所示，则 4Ω 电阻功率为

$$P = \left(\frac{17.14}{1.43 + 4}\right)^2 \times 4 = 39.85(W)$$

【2 - 12】如图 2 - 24 所示电路，电阻 R 取值多少时获得最大功率，最大功率是多少？

解　将图 2 - 24 所示电路中的 R 支路移去，剩下部分看成单端口，电路如图 2 - 25 所示。

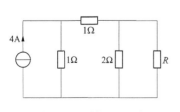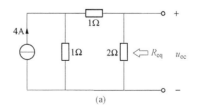

图 2 - 24　题 2 - 12 图　　　　　图 2 - 25　题 2 - 12 解析图

利用戴维南定理对端口进行等效，求解如图 2 - 25（a）所示端口电路的开路电压 U_{oc}、R_{eq}。列写方程，求解如下

$$u_{oc} = \frac{4}{1+(1+2)} \times 2 = 2(\text{V}), \quad R_{eq} = (1+1)//2 = \frac{(1+1) \times 2}{1+1+2} = 1(\Omega)$$

图 2 - 24 所示电路的等效电路，如图 2 - 25（b）所示，当 $R = R_{eq} = 1\Omega$，R 获得最大功率，最大功率为

$$P_{max} = \frac{u_{oc}^{2}}{4R_{eq}} = \frac{2 \times 2}{4 \times 1} = 1(\text{W})$$

第 3 章　电 路 的 暂 态 分 析

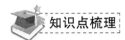 知识点梳理

一、动态电路的特点

对于含有储能元件的电容或电感的电路，当电路开关接通或者断开时，电路中各个电压和电流一般会随着时间出现变化过程，即暂态过程。此类电路中，电容或者电感元件称为储能元件或者动态元件，将含有动态元件出现暂态过程的电路称为动态电路。当电路处于稳定工作状态时，电路中的各个物理量（电压、电流等）达到了给定条件下的稳态值。直流电源作用电路稳定时，各物理量的数值恒定不变。对于电容 $i_C = C\dfrac{\mathrm{d}u_C}{\mathrm{d}t}$，当其电压为稳定值时，其电流为零，相当于断路。对于电感 $u_L = L\dfrac{\mathrm{d}i_L}{\mathrm{d}t}$，当其电流为稳定值时，其电压为零，相当于短路。对于交流电路稳态时，电容电压、电感电流的幅值、频率和变化规律保持不变。

二、换路定则

对于直流电源作用的动态电路稳定时，若 $t=0$ 换路发生，根据能量和功率守恒定律，电容电压 $u_C(t)$、电感电流 $i_L(t)$ 在换路前后没有突变，即有式（3-1）存在，此式称为换路定则。

$$\begin{cases} u_C(0_+) = u_C(0_-) \\ i_L(0_+) = i_L(0_-) \end{cases} \tag{3-1}$$

由式（3-1）可知，电容上电荷和电感上的磁通（链）不能突变，即

$$\begin{cases} Cu_C(0_+) = Cu_C(0_-) \\ Li_L(0_+) = Li_L(0_-) \end{cases} \Longrightarrow \begin{cases} q(0_+) = q(0_-) \\ \psi(0_+) = \psi(0_-) \end{cases} \tag{3-2}$$

三、一阶动态电路的分析方法

当动态电路中只含有一个或相当于一个动态元件，称为一阶动态电路。若动态元件为电容称为一阶 RC 电路，若为电感称为一阶 RL 电路。动态电路的一个特征是当电路的结构或元件的参数发生改变（如电路中电源或无源元件接入或断开、信号的突然输入等），可能使电路原来的工作状态转变到另一个工作状态。

分析动态电路的暂态过程方法之一是经典法。所谓经典法，就是根据元件或支路的 VCR、节点的 KCL、回路的 KVL 建立描述电路的方程。建立的方程是以时间为自变量的线性常系数微分方程，然后求解常系数微分方程，从而得到电路所求响应（电压或电流）的变化规律。经典法是一种在时域中进行的分析方法。分析一阶动态电路的方法除了经典法外，还有三要素法。所谓三要素法，就是找到所求对象在换路后最初时刻的值、新稳定工作状态的稳定值，以及时间常数，然后将这三个要素代入到对象的变化规律方程中即可。若求解对象为 $f(t)$，求其三个要素 $f(0_+)$、$f(\infty)$、τ，可得 $f(t)$ 的变化规律为

$$f(t) = f(\infty) + [f(0_+) - f(\infty)]\mathrm{e}^{-\frac{t}{\tau}}$$

本章核心知识点导读，如图 3-1 所示。

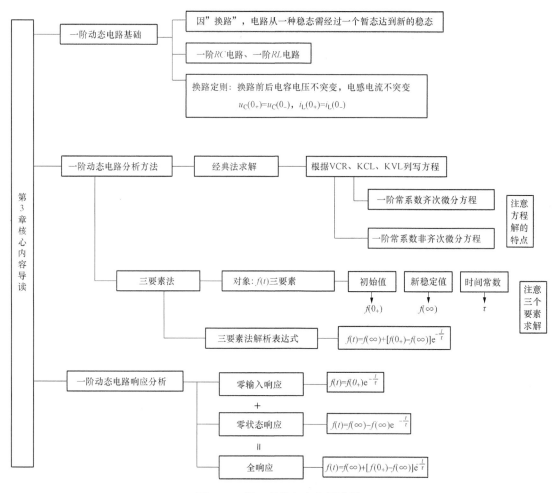

图 3-1　第 3 章核心内容导读图

习题详解

【3-1】为什么在直流稳态时，电容元件上有电压，无电流；而电感元件上有电流，无电压？

解　根据电容、电感元件的 VCR 可知，当电路状态处于直流稳态时，电容上无电流，相当于断路；电感上无电压，相当于短路。

【3-2】如果一个电感元件两端的电压为零，是否可以认为其储能也一定为零？如果一个电容元件中电流为零，是否可以认为其储能一定等于零？

解　根据电容、电感元件的 VCR 以及它们的储能特点，不难得知，当电路状态处于直流稳态时，电容上无电流，相当于断路，但是并不意味着电容两端没有电压，只要电容两端有电压，电容就储存了一定能量；当电路状态处于直流稳态时，电感上无电压，相当于短路，但并不意味着电感上没有电流，只要电感上有电流，就意味着电感储存了一定的能量。

【3-3】确定图 3-2 所示电路中电感电压 u_L 和电感电流 i_L 的初始值。已知换路前电路

处于稳态。

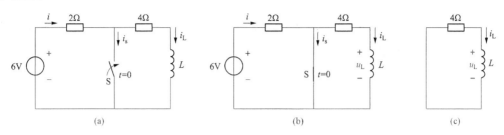

图 3-2　题 3-3 电路图及其解析图

(a) 题 3-3 图；(b)、(c) 题 3-3 电路解析图

　　解　根据题意和换路定则可得，换路前电路稳定，电感无电压，相当于短路，可求得电感电流为

$$i_L(0_+) = i_L(0_-) = \frac{6}{2+4} = 1(A)$$

　　电路有关变量标识如图 3-2 (a) 所示。$t=0$ 时，发生换路，开关闭合，如图 3-2 (b) 电路所示。$t=0_+$ 电路不稳定，但是根据换路定则，电感电流不突变。故列写图 3-2 (c) 电路的 KVL 方程，可得换路后的初始时刻的电感电压，即

$$u_L + 4i_L(0_+) = 0 \implies u_L = -4 \times 1 = -4(V)$$

　　【3-4】确定图 3-3 所示电路中电容电压 u_C 和电流 i 的初始值。已知换路前电路处于稳态。

　　解　根据题意和换路定则可得，换路前电路稳定，电容无电流，相当于开路，可求得电容电压为

$$u_C(0_+) = u_C(0_-) = \frac{6}{2+2} \times 2 = 3(V)$$

$t=0$ 时，换路发生，开关断开，如图 3-4 电路所示。$t=0_+$ 电路不稳定，但是根据换路定则，电容电压不突变，即可求出电流 i 的初始值 $i(0_+)$ 为

$$i(0_+) = \frac{6-3}{2+2} = 0.75(A)$$

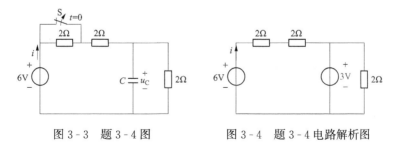

图 3-3　题 3-4 图　　　　　图 3-4　题 3-4 电路解析图

　　【3-5】电路如图 3-5 所示，开关断开前电路处于稳态，$t=0$ 时开关 S 闭合，试求初始值 $i(0_+)$、$u(0_+)$、$u_C(0_+)$ 和 $i_C(0_+)$。

　　解　根据题意和换路定则可得换路前电路稳定，电容无电流，相当于开路，可求得电容电压为

$$u_C(0_+) = u_C(0_-) = \frac{10}{20+30} \times 30 = 6(\text{V})$$

$t=0$ 时，发生换路，开关断开，如图 3-6 电路所示。$t=0_+$ 电路不稳定，但是根据换路定则，电容电压不突变为 6V，则可求出电流 i、i_C 的初始值 $i(0_+)$、$i_C(0_+)$，和电压 $u(0_+)$ 的初始值 $u(0_+)$，即

$$i(0_+) = i_C(0_+) = \frac{10-6}{20+20} = 0.1\text{A}, \quad u(0_+) = 20 \times i(0_+) = 20 \times 0.1 = 2\text{V}$$

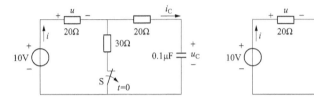

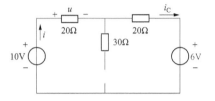

图 3-5　题 3-5 图　　　　　　　图 3-6　题 3-5 电路解析图

【3-6】电路如图 3-7 所示，已知电源电压 $U=5\text{V}$，$R=2\Omega$，电压表的内阻为 $2\text{k}\Omega$，换路前处于稳态，试求 $t=0$ 开关 S 断开瞬间电压表两端的电压 u，分析其危害，并思考可采取何种措施来预防。

解　根据题意和换路定则，换路前电路稳定，电感电流为

$$i_L(0_-) = \frac{5}{2} = 2.5(\text{A})$$

换路前电压表的两端电压为 5V。

$t=0$ 时，换路发生，开关断开，如图 3-8 所示。根据换路定则，电感电流不突变仍为 2.5A，但此时电压表两端电压值为

$$u = 2.5 \times 2000 = 5000(\text{V})$$

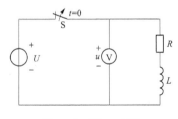
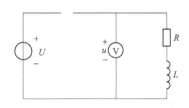

图 3-7　题 3-6 图　　　　　　　图 3-8　题 3-6 电路解析图

此电压可能远远超过电压表的量程，造成电压表烧毁。为避免此情况的发生，应在开关断开前先移去电压表。

【3-7】电路如图 3-9 所示，开关 S 断开前电路已处于稳态，试求开关断开后即换路后电容电压 u_C 的变化规律。

解　根据题意和换路定则可知，换路前 $t=0_-$ 时刻，电路稳定，电容无电流，相当于开路，可求得电容电压 $u_C(0_-) = \frac{6}{1+5} \times 5 = 5$（V）；$t=0$ 时，发生换路，开关断开，$t=0_+$ 电路不稳定，但是根据换路定则，电容电压不突变，故有

$$u_C(0_+) = u_C(0_-) = 5(\text{V})$$

$t=\infty$ 时，电路稳定，电容相当于断路，如图 3-10 所示可得 $u_{\text{C}}(\infty)=6$（V）

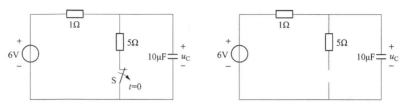

图 3-9 题 3-7 图   图 3-10 题 3-7 电路解析图

接着，求取时间常数 τ。对于一阶 RC 电路，其时间常数 $\tau=RC$，其中 R 为从电容两端看进去的等效电阻。求此电阻时，电路若含有电源，将电源置零。根据图 3-10 所示电路，可求得 $\tau=1\times10\times10^{-6}=10^{-5}$（s）。根据三要素法，可得电容电压的变化规律，即

$$u_{\text{C}}(t)=u_{\text{C}}(\infty)+[u_{\text{C}}(0_{+})-u_{\text{C}}(\infty)]\text{e}^{-\frac{t}{\tau}}=6-\text{e}^{-10^{5}t}\text{V}$$

【3-8】电路如图 3-11 所示，开关 S 闭合前电路已处于稳态，试求开关闭合后即换路后电容电压 u_{C} 的变化规律。

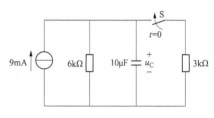

图 3-11 题 3-8 图

解 根据题意和换路定则，换路前 $t=0_{-}$ 时刻，电路稳定，电容无电流，相当于开路，可求得电容电压 $u_{\text{C}}(0_{-})=9\times10^{-3}\times6\times10^{3}=54$（V）；$t=0$ 时，发生换路，开关闭合，$t=0_{+}$ 电路不稳定，但是根据换路定则，电容电压不突变，故有

$$u_{\text{C}}(0_{+})=u_{\text{C}}(0_{-})=54(\text{V})$$

$t=\infty$ 时，电路稳定，电容相当于断路，电阻 6kΩ 与电阻 3kΩ 为并联，因此可得

$$u_{\text{C}}(\infty)=9\times10^{-3}\times3//6\times10^{3}=18(\text{V})$$

接着，求取时间常数 τ。对于一阶 RC 电路，其时间常数 $\tau=RC$，其中 R 为从电容两端看进去的等效电阻，即电阻 6kΩ 与电阻 3kΩ 并联。因此，可求得

$$\tau=6//3\times10^{3}\times10\times10^{-6}=2\times10^{-2}(\text{s})$$

根据三要素法，可得电容电压的变化规律，即

$$u_{\text{C}}(t)=u_{\text{C}}(\infty)+[u_{\text{C}}(0_{+})-u_{\text{C}}(\infty)]\text{e}^{-\frac{t}{\tau}}=18+36\text{e}^{-50t}\text{V}$$

【3-9】电路如图 3-12 所示，换路前开关 S 在位置 1，且处于稳态，$t=0$ 时开关 S 合向开关 2，试求 $t\geqslant0$ 时的 u_{C} 和 i。

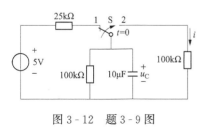

图 3-12 题 3-9 图

解 根据题意和换路定则可知，换路前 $t=0_{-}$ 时刻，电路稳定，电容无电流，相当于开路，可求得电容电压 $u_{\text{C}}(0_{-})=\dfrac{5}{25+100}\times100=4$（V）；$t=0$ 时，发生换路，开关向 2 闭合，$t=0_{+}$ 电路不稳定，但是根据换路定则，电容电压不突变，故有

$$u_{\text{C}}(0_{+})=u_{\text{C}}(0_{-})=4\text{V}$$

$t=\infty$，电路稳定，电容初始储存能量释放完毕，可得

$$u_{\mathrm{C}}(\infty) = 0\mathrm{V}$$

接着，求取时间常数 τ。对于一阶 RC 电路，其时间常数 $\tau=RC$，其中 R 为从电容两端看进去的等效电阻，即电阻 100kΩ 与电阻 100kΩ 并联。因此，可求得

$$\tau = (100//100 \times 10^3) \times 10 \times 10^{-6} = 0.5(\mathrm{s})$$

根据三要素法，可得电容电压的变化规律，即

$$u_{\mathrm{C}}(t) = u_{\mathrm{C}}(\infty) + [u_{\mathrm{C}}(0_+) - u_{\mathrm{C}}(\infty)]\mathrm{e}^{-\frac{t}{\tau}} = 4\mathrm{e}^{-2t}\mathrm{V}$$

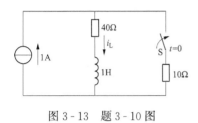

图 3-13　题 3-10 图

【3-10】电路如图 3-13 所示，开关 S 闭合前电路处于稳态，$t=0$ 时开关 S 闭合，试求 $t \geqslant 0$ 时电感电流 i_{L}。

解　根据题意和换路定则可知，换路前 $t=0_-$ 时刻，开关 S 断开，电路稳定，电感电流 $i_{\mathrm{L}}(0_-) = 1\mathrm{A}$。$t=0$ 时，发生换路，开关 S 闭合。$t=0_+$ 电路不稳定，但是根据换路定则，电感电流不突变，故有

$$i_{\mathrm{L}}(0_+) = i_{\mathrm{L}}(0_-) = 1\mathrm{A}$$

$t=\infty$ 时，电路稳定，电感电流为

$$i_{\mathrm{L}}(\infty) = \frac{10}{40+10} \times 1 = 0.25(\mathrm{A})$$

接着，求取时间常数 τ。对于一阶 RL 电路，其时间常数 $\tau=\dfrac{L}{R}$，其中 R 为从电感两端看进去的等效电阻，即电阻 40Ω 与电阻 10Ω 串联，$R=40+10=50\Omega$。因此，可求得

$$\tau = \frac{L}{R} = \frac{1}{50} = 0.02(\mathrm{s})$$

根据三要素法，可得电感电流的变化规律，即

$$i_{\mathrm{L}}(t) = i_{\mathrm{L}}(\infty) + [i_{\mathrm{L}}(0_+) - i_{\mathrm{L}}(\infty)]\mathrm{e}^{-\frac{t}{\tau}} = 0.25 + 0.75\mathrm{e}^{-50t}\mathrm{A}$$

【3-11】电路如图 3-14 所示，换路前电路处于稳态，试求换路后（$t \geqslant 0$）的电感电流 i_{L}。

解　根据题意和换路定则可得，换路前 $t=0_-$ 时刻，开关 S 断开，电路稳定，电感电流 $i_{\mathrm{L}}(0_-)$ $=\dfrac{20}{40}=0.5$（A）；$t=0$ 时，发生换路，开关 S 闭合。$t=0_+$ 电路不稳定，但是根据换路定则，电感电流不突变，故有

$$i_{\mathrm{L}}(0_+) = i_{\mathrm{L}}(0_-) = 0.5(\mathrm{A})$$

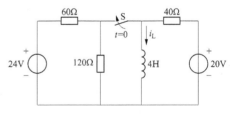

图 3-14　题 3-11 图

$t=\infty$ 时，电路稳定，电感相当于短路，可看成导线，此时电感电流为

$$i_{\mathrm{L}}(\infty) = \frac{24}{60} + \frac{20}{40} = 0.9(\mathrm{A})$$

接着，求取时间常数 τ。对于一阶 RL 电路，其时间常数 $\tau=\dfrac{L}{R}$，其中 R 为从电感两端看进去的等效电阻，即 60、120、40Ω 三个电阻的并联，$R=60//120//40=20$（Ω）。因此，可求得

$$\tau = \frac{L}{R} = \frac{4}{20} = 0.2(\text{s})$$

根据三要素法，可得电感电流的变化规律为

$$i_L(t) = i_L(\infty) + [i_L(0_+) - i_L(\infty)]e^{-\frac{t}{\tau}} = 0.9 - 0.4e^{-5t}(\text{A})$$

【3-12】电路如图 3-15 所示，开关 S 闭合前电路处于稳态，$t=0$ 时合上开关 S，试求 $t \geqslant 0$ 时电感电流 i_L 以及 i_1 和 i_2。

解 根据题意和换路定则可得换路前 $t=0_-$ 时刻，开关 S 断开，电路稳定，电感电流 $i_L(0_-) = \frac{12}{6} = 2$（A）；$t=0$ 时，发生换路，开关 S 闭合。$t=0_+$ 电路不稳定，但是根据换路定则，电感电流不突变，故有

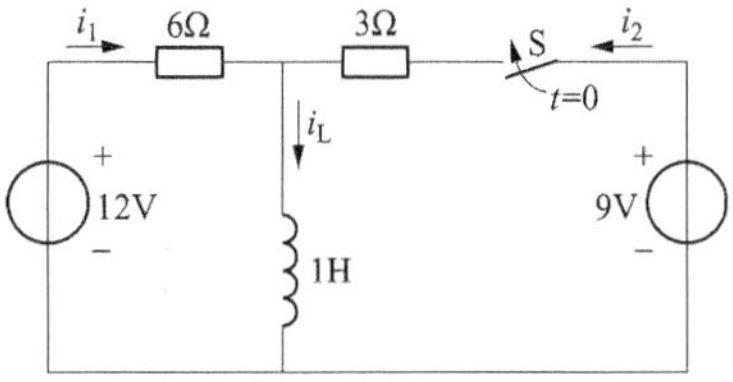

$$i_L(0_+) = i_L(0_-) = 2\text{A}$$

$t=\infty$，电路稳定，电感相当于短路，可看成导线，此时电感电流为

$$i_L(\infty) = \frac{12}{6} + \frac{9}{3} = 5(\text{A})$$

图 3-15 题 3-12 图

接着，求取时间常数 τ。对于一阶 RL 电路，其时间常数 $\tau = \frac{L}{R}$，其中 R 为从电感两端看进去的等效电阻，即电阻 6Ω、电阻 3Ω 两个电阻的并联，$R = 6//3 = 2\Omega$。因此，可求得

$$\tau = \frac{L}{R} = \frac{1}{2} = 0.5(\text{s})$$

根据三要素法，可得电感电流的变化规律，即

$$i_L(t) = i_L(\infty) + [i_L(0_+) - i_L(\infty)]e^{-\frac{t}{\tau}} = 5 - 3e^{-2t}(\text{A})$$

由 $i_L(t)$，可根据电感元件的 VCR，求出 $u_L(t)$，即 $u_L(t) = \frac{di_L(t)}{dt} = 6e^{-2t}$，于是可得

$$i_1(t) = \frac{12 - u_L(t)}{6} = \frac{12 - 6e^{-2t}}{6} = 2 - e^{-2t}(\text{A})$$

$$i_2(t) = \frac{u_L(t) - 9}{3} = \frac{6e^{-2t} - 9}{3} = -3 + 2e^{-2t}(\text{A})$$

第 4 章　正 弦 稳 态 电 路 分 析

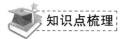 知识点梳理

一、正弦量及其表示

不同的教材，正弦量表示形式可能不同，有的采用余弦函数表示，也有的采用正弦函数表示。本教材正弦量采用余弦函数表示，如正弦量电压 $u=U_m\cos(\omega t+\varphi)$。

指明某一个正弦量的三个要素，需要先将正弦量转化成一般形式，然后再分别说明其三要素。例如，正弦量 $u=U_m\cos(\omega t+\varphi)$，其三要素分别为最大值 U_m。角速度 ω 和初相位 φ。角速度也称角频率 ω，其单位为弧度/秒（rad/s）。角频率 ω 与频率 f 的关系为 $\omega=\dfrac{2\pi}{T}=2\pi f$。初相位要求在主值范围（$-\pi<\varphi\leqslant\pi$）内取值。若初相位不在主值范围，可通过 $+360°$ 或 $-360°$ 进行转化。

正确理解正弦量有效值的定义，以及有效值与正弦量（瞬时值）、最大值的关系。如正弦量 u 的有效值 U 可表示为 $U=\sqrt{\dfrac{1}{T}\int_0^T u^2\mathrm{d}t}=\dfrac{\sqrt{2}}{2}U_m$。由于有效值与正弦量最大值的关系是确定的，所以有效值、角速度和初相位，也可称为正弦量三要素。

正确掌握将非一般形式的正弦量转化成教材上给定的正弦量的一般形式，例如：
$$u=-U_m\cos(\omega t+\varphi)\Longrightarrow u=U_m\cos(\omega t+\varphi\pm180°)$$
$$u=U_m\sin(\omega t+\varphi)\Longrightarrow u=U_m\cos(\omega t+\varphi-90°)$$
但最终结果要保证初相位在主值范围内，即 $|\varphi|\leqslant\pi$。

二、相量法基础（复数）

正弦稳态电路的解析，常采用相量法分析，而相量法分析需要用到复数相关知识。复数的四种表示形式分别为：代数式、三角函数式、指数式和极坐标式。例如，某一复数的代数形式为 $F=a+jb$。通过代数形式，可以得到复数的模为 $|F|=\sqrt{a^2+b^2}$，复数的辐角为 $\varphi=\arctan\dfrac{b}{a}$。辐角 φ 以正实轴方向为起始方向，逆时针旋转所得取正，顺时针选择所得取负，辐角取值范围要求在主值范围内。将这一复数代为三角函数式，可得 $F=|F|(\cos\varphi+j\sin\varphi)$。根据欧拉公式，很容易将该复数的三角函数式转换为指数式 $F=|F|e^{j\varphi}$。同时，可求得该复数的极坐标式为 $F=|F|\angle\varphi$。复数的四种表示形式中，代数式和极坐标式最为常见。复数的四种表示形式之间可以相互转化。

复数的加减运算，通常需要先将复数转化为代数形式，然后将复数实部和虚部分别进行加减运算。复数的乘除运算，通常需要先将复数转为指数形式或极坐标形式。进行复数的乘运算时，将复数模相乘，辐角相加即可；进行复数的除运算时，将复数模相除，辐角相减即可。有一点需要注意，最后要保证辐角在主值范围内。

三、VCR、KCL、KVL 的相量形式

1. 电阻、电容、电感的 VCR 的相量形式

电阻 $\qquad\qquad\qquad \dot{U} = R\dot{I} \Longrightarrow \begin{cases} U = RI \\ \angle\varphi_u = \angle\varphi_i \end{cases}$

电感 $\qquad\qquad\qquad \dot{U} = j\omega L\dot{I} \Longrightarrow \begin{cases} U = \omega LI \\ \angle\varphi_u = \angle\varphi_i + 90° \end{cases}$

电容 $\qquad\qquad\qquad \dot{U} = -j\dfrac{1}{\omega C}\dot{I} \Longrightarrow \begin{cases} U = \dfrac{1}{\omega C}I \\ \angle\varphi_u = \angle\varphi_i - 90° \end{cases}$

2. 基尔霍夫定律 KCL、KVL 的相量形式

KCL 定律相量形式，对于任意节点，均有

$$\sum i = 0 \Longrightarrow \sum \dot{I} = 0$$

KVL 定律相量形式，对于任意回路，均有

$$\sum u = 0 \Longrightarrow \sum \dot{U} = 0$$

四、阻抗与导纳

阻抗和导纳的概念以及对它们的运算是正弦稳态电路分析中的重要内容。对于一个不含独立源的单端口 N，设单端口的电压相量与电流相量分别为 $\dot{U}$ 和 $\dot{I}$，如图 4-1 所示。

端口的电压相量与其电流相量之比，称为该端口的阻抗，记为

$$Z = \frac{\dot{U}}{\dot{I}} \text{ 或 } \dot{U} = Z\dot{I}$$

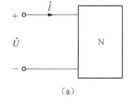
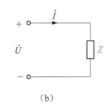

　　　　　　(a)　　　　　　　　　(b)

图 4-1　单端口及其等效
(a) 单端口电路；(b) 等效电路

阻抗 Z 是个复数，也称为复阻抗，其代数形式可以表示为

$$Z = R + jX$$

若 $X > 0$，阻抗 Z 呈感性；若 $X < 0$，阻抗 Z 呈容性；若 $X = 0$，阻抗 Z 呈纯阻性。Z 的单位为欧姆（Ω）。

若单端口 N 的电压相量与电流相量分别为

$$\dot{U} = U\angle\theta_u, \quad \dot{I} = I\angle\theta_i$$

则

$$Z = R + jX = \frac{\dot{U}}{\dot{I}} = \frac{U\angle\theta_u}{I\angle\theta_i} = \frac{U}{I}\angle\theta_u - \theta_i$$

将阻抗 Z 用其极坐标形式描述

$$Z = |Z|\angle\varphi_Z$$

其中，$|Z|$、φ_Z 分别为阻抗的模（阻抗模）和阻抗角。于是，得到很有用的两个等式，即

$$|Z| = \frac{U}{I}, \quad \varphi_Z = \theta_u - \theta_i$$

阻抗模等于端口电压有效值与电流有效值的比，阻抗角等于端口电压相位与电流相位

的差。

单端口 N 的导纳 Y 定义为端口电流相量 $\dot{I}$ 与电压相量 $\dot{U}$ 的比值，记为

$$Y = \frac{\dot{I}}{\dot{U}} \text{ 或 } \dot{I} = Y\dot{U}$$

Y 一般是个复数，也称为复导纳，其代数形式可以表示为

$$Y = G + jB$$

其中，G 为 Y 的实部，称为电导；B 为 Y 的虚部，称为电纳。Y 的单位为西门子（S）。同理，也能得到导纳很有用的两个等式，即

$$|Y| = \frac{I}{U}, \quad \varphi_Y = \theta_i - \theta_u$$

其中，$|Y|$、φ_Y 分别为导纳的模（阻抗模）和导纳角。

按照阻抗、导纳定义，电阻、电容、电感三个元件的阻抗和导纳，分别为：

阻抗 $\qquad\qquad Z_R = R, \ Z_C = \dfrac{1}{j\omega C} = -j\dfrac{1}{\omega C}, \ Z_L = j\omega L$

导纳 $\qquad\qquad Y_R = \dfrac{1}{R} = G, \ Y_C = j\omega C, \ Y_L = \dfrac{1}{j\omega L} = -j\dfrac{1}{\omega L}$

五、平均功率（P）、无功功率（Q）、视在功率（S）

不含源单端口 N 的电压相量、电流相量与阻抗分别为

$$\dot{U} = U\angle\theta_u, \quad \dot{I} = I\angle\theta_i, \ Z = |Z|\angle\varphi_Z$$

端口的平均功率可表示为

$$P = UI\cos(\theta_u - \theta_i) = UI\cos\varphi_Z$$

平均功率有时称为有功功率，其反映了端口实际消耗的功率，单位为瓦［特］（W）。

端口的无功功率可表示为

$$Q = UI\sin(\theta_u - \theta_i) = UI\sin\varphi_Z$$

无功功率反映了该端口与外接电网功率的交换情况，其单位为乏（var）。

在电工技术中，视在功率 S 可表示为

$$S = UI$$

视在功率单位为伏安（VA）。

若端口内只含有单一元件，如电阻、电容、电感式，则其平均功率、无功功率、视在功率见表 4-1。

表 4-1　　　　电阻、电容、电感元件的有功功率、无功功率和视在功率一览表

内容＼元件	电阻	电容	电感
相量形式			
VCR	$\dot{U} = R\dot{I}$	$\dot{U} = -j\dfrac{1}{\omega C}\dot{I}$	$\dot{U} = j\omega L\dot{I}$

续表

内容　　　　元件	电阻	电容	电感
有功功率（P）	UI 或 I^2R 或 $\dfrac{U^2}{R}$	0	0
无功功率（Q）	0	$-UI$ 或 $-\omega CU^2$	UI 或 ωLI^2
视在功率（S）	P	Q	Q

本章核心内容导读，如图 4 - 2 所示。

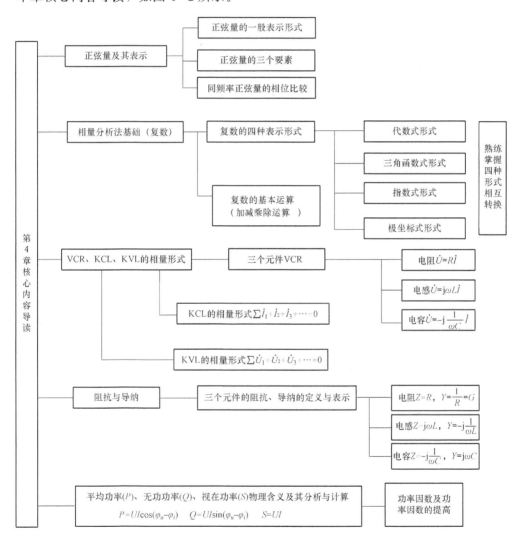

图 4 - 2　第 4 章核心内容导读图

 习题详解

【4 - 1】试指出下面这四个正弦量的最大值、有效值、角频率以及初相位分别为多少？

$$u_1 = 200\sqrt{2}\sin(314t + 120°)\text{V}, \quad u_2 = -380\sqrt{2}\cos(314t + 30°)\text{V},$$
$$i_1 = -50\cos(628t + 40°)\text{A}, \quad i_2 = 50\sin(628t - 80°)\text{A}$$

解 先将给定正弦量转化成一般形式，然后再说明其三要素。

$$u_1 = 200\sqrt{2}\sin(314t + 120°)\text{V} \Longrightarrow u_1 = 200\sqrt{2}\cos(314t + 30°)$$

所以其三要素为：最大值 $220\sqrt{2}$V，或者有效值 220V；角频率 314rad/s；初相位 30°。

$$u_2 = -380\sqrt{2}\cos(314t + 30°)\text{V} \Longrightarrow u_2 = 380\sqrt{2}\cos(314t - 150°)\text{V}$$

所以其三要素为：最大值 $380\sqrt{2}$V，或者有效值 380V；角频率 314rad/s；初相位 $-150°$。

$$i_1 = -50\cos(628t + 40°)\text{A} \Longrightarrow i_1 = 50\cos(628t - 140°)\text{A}$$

所以其三要素为：最大值 50A，或者有效值 $25\sqrt{2}$A；角频率 628rad/s；初相位 - 140°。

$$i_2 = 50\sin(628t - 80°)\text{A} \Longrightarrow i_2 = 50\cos(628t - 170°)\text{A}$$

所以其三要素为：最大值 50A，或者有效值 $25\sqrt{2}$A；角频率 628rad/s；初相位 $-170°$。

【4-2】 写出下列复数的另外三种表示形式。

$$F_1 = 20 + \text{j}15, \quad F_2 = 20\sqrt{2}(\cos50° - \text{j}\sin50°), \quad F_3 = 100\text{e}^{\text{j}45°}, \quad F_4 = 28.28\angle -30°$$

解 先将给定形式的复数转化为其他形式，具体情况如下

$$F_1 = 20 + \text{j}15 = 25(\cos37° + \text{j}\sin37°) = 25\text{e}^{\text{j}37°} = 25\angle 37°$$

$$F_2 = 20\sqrt{2}(\cos50° - \text{j}\sin50°) = 18.18 - \text{j}21.66 = 20\sqrt{2}\text{e}^{-\text{j}50°} = 20\sqrt{2}\angle -50°$$

$$F_3 = 100\text{e}^{\text{j}45°} = 50\sqrt{2} + \text{j}50\sqrt{2} = 100(\cos45° + \text{j}\sin45°) = 100\angle 45°$$

$$F_4 = 28.28\angle -30° = 24.49 - \text{j}14.14 = 28.28\text{e}^{-\text{j}30°} = 28.28\angle -30°$$

【4-3】 已知两个复数分别为 $F_1 = 3 + \text{j}4$，$F_2 = 10\angle -45°$，试求 $F_1 + F_2$，$F_1 - F_2$，$F_1 \cdot F_2$ 以及 $\dfrac{F_2}{F_1}$。

解 根据分析或说明，先将给定形式的复数转化为代数形式或极坐标形式，然后进行相应运算，具体情况如下：

$$F_1 = 3 + \text{j}4 = 5\angle 53°, \quad F_2 = 10\angle -45° = 5\sqrt{2} - \text{j}5\sqrt{2} = 7.07 - \text{j}7.07$$

$$F_1 + F_2 = (3 + 7.07) + \text{j}(4 - 7.07) = 10.07 - \text{j}3.07$$

$$F_1 - F_2 = (3 - 7.07) + \text{j}(4 + 7.07) = -4.07 + \text{j}11.07$$

$$F_1 \cdot F_2 = 5 \times 10\angle(53° - 45°) = 50\angle 8°$$

$$\frac{F_2}{F_1} = \frac{10\angle -45°}{5\angle 53°} = \frac{10}{5}\angle -45° - 53° = 2\angle -98°$$

【4-4】 若已知 $i_1 = -5\cos(314t + 60°)$ A，$i_2 = 10\sin(314t + 60°)$ A，$i_3 = 4\cos(314t - 160°)$ A，试完成：

(1) 写出上述电流的相量，并绘出它们的相量图；

(2) i_1 与 i_2、i_1 与 i_3 的相位差；

(3) 若将 i_1 的表达式的负号去掉将意味着什么？

(4) 求 i_1 的周期 T 和频率 f。

解 (1) 根据以上分析或说明，先将给定正弦量转化成一般形式，然后写出其相应的相量，最后将相量在复平面中表示出来，具体情况如图 4-3 所示。

$$i_1 = -5\cos(314t+60°) = 5\cos(314t-120°) \Longrightarrow$$

$$\dot{I}_1 = \frac{5\sqrt{2}}{2}\angle -120°\text{A}$$

$$i_2 = 10\sin(314t+60°) = 10\cos(314t-30°) \Longrightarrow$$

$$\dot{I}_2 = 5\sqrt{2}\angle -30°\text{A}$$

（2）将两个正弦量转化为相同的形式，然后比较相位差。

$i_1 = -5\cos(314t+60°) = 5\cos(314t-120°)\text{A}$

$i_2 = 10\sin(314t+60°) = 10\cos(314t-30°)\text{A}$

$i_3 = 4\cos(314t+60°)\text{A}$

i_1 与 i_2 相位差

$$\varphi = -120° - (-30°) = -90°$$

i_1 与 i_3 相位差

$$\varphi = -120° - 60° = -180°$$

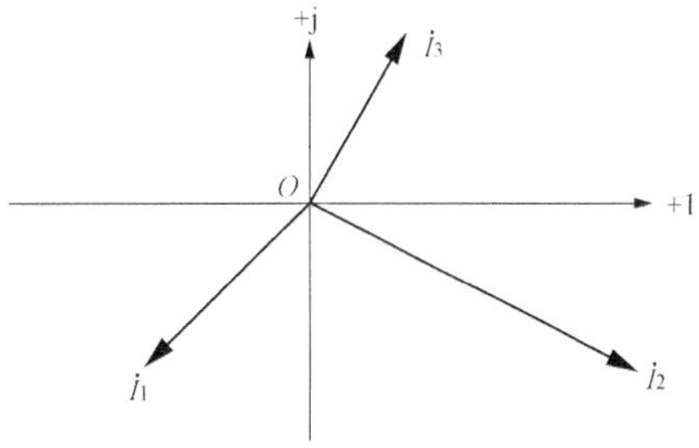

图 4-3　相量图

（3）若将的表达式的负号去掉，i_1 意味着将反向。

（4）由正弦量 i_1 的表达式，可知其角频率 $\omega = 314\text{rad/s}$，根据周期 T 和频率 f 与角频率的关系 $\omega = \dfrac{2\pi}{T} = 2\pi f$，可得

$$T = \frac{2\pi}{\omega} = \frac{2\times 3.14}{314} = 0.02\text{s} \Longrightarrow f = \frac{1}{T} = 50\text{Hz}$$

【4-5】已知两个同频率正弦电流相量分别为 $\dot{I}_1 = 50\angle 45°\text{A}$，$\dot{I}_2 = -20\angle 30°\text{A}$，其频率 $f = 100\text{Hz}$。试完成：

（1）写出 i_1、i_2 的时域表达式；

（2）写出 i_1 与 i_2 的相位差。

解　（1）相量反映了正弦量三要素其中的两个要素，一个是有效值，另一个是初相位。只要给定了频率，就可知角频率。

$$\omega = 2\pi f = 2\times 3.14\times 100 = 628\text{rad/s}$$

故 i_1、i_2 的时域表达式分别为

$$i_1 = 50\sqrt{2}\cos(628t+45°)\text{A},\ i_2 = 20\sqrt{2}\cos(628t-150°)\text{A}$$

（2）i_1 与 i_2 的相位差为 $45° - (-150°) = 195°$；由于相位差通常表示成主值范围，则相位差为 $195° - 360° = -165°$。

【4-6】已知某元件的电压、电流（参考方向关联）分别为下列四种情况，试说明它们可能是什么元件？并计算出其数值。

$$(1)\begin{cases} u = 20\sin(2t+30°)\text{V} \\ i = 2\cos(2t-60°)\text{A} \end{cases} \qquad (2)\begin{cases} u = -100\sqrt{2}\sin(2t+30°)\text{mV} \\ i = 2\sqrt{2}\cos(2t+30°)\text{A} \end{cases}$$

$$(3)\begin{cases} u = 100\sqrt{2}\sin(2t+30°)\text{V} \\ i = -2\sqrt{2}\cos(2t-150°)\text{A} \end{cases} \qquad (4)\begin{cases} u = 2\sqrt{2}\sin 2t\text{V} \\ i = \sqrt{2}\cos(2t-90°)\text{A} \end{cases}$$

解　（1）$\begin{cases} u = 20\sin(2t+30°)\ \text{V} \\ i = 2\cos(2t-60°)\ \text{A} \end{cases} \Longrightarrow \begin{cases} u = 20\cos(2t-60°)\ \text{V} \\ i = 2\cos(2t-60°)\ \text{A} \end{cases}$

电压与电流的初相位均为 $-60°$，为同相位，说明（1）为电阻，其值为 $R = \dfrac{U}{I} = \dfrac{20}{2} = 10 \ (\Omega)$。

（2）$\begin{cases} u = -100\sqrt{2}\sin(2t+30°) \ \text{mV} \\ i = 2\sqrt{2}\cos(2t+30°) \ \text{A} \end{cases} \Longrightarrow \begin{cases} u = 100\sqrt{2}\cos(2t+120°) \ \text{mV} \\ i = 2\sqrt{2}\cos(2t+30°) \ \text{A} \end{cases}$

电压与电流的初相位分别为 $120°$、$30°$，相位差为 $120° - 30° = 90°$，电压比其电流相位超前 $90°$，说明（2）为电感，其值为 $U = \omega L I \Longrightarrow L = \dfrac{U}{\omega I} = \dfrac{100}{2 \times 2} = 25 \ (\text{mH})$。

（3）$\begin{cases} u = 100\sqrt{2}\sin(2t+30°) \ \text{V} \\ i = -2\sqrt{2}\cos(2t-150°) \ \text{A} \end{cases} \Longrightarrow \begin{cases} u = 100\sqrt{2}\cos(2t-60°) \ \text{V} \\ i = 2\sqrt{2}\cos(2t+30°) \ \text{A} \end{cases}$

电压与电流的初相位分别为 $-60°$、$30°$，相位差为 $-60° - 30° = -90°$，电压比其电流相位滞后 $90°$，说明（3）为电容，其值为 $U = \dfrac{1}{\omega C} I \Longrightarrow C = \dfrac{I}{\omega U} = \dfrac{2}{2 \times 100} = 10 \ (\text{mF})$。

（4）$\begin{cases} u = 2\sqrt{2}\sin 2t \ \text{V} \\ i = \sqrt{2}\cos(2t-90°) \ \text{A} \end{cases} \Longrightarrow \begin{cases} u = 2\sqrt{2}\cos(2t-90°) \ \text{V} \\ i = \sqrt{2}\cos(2t-90°) \ \text{A} \end{cases}$

电压与电流的初相位均为 $-90°$，为同相位，说明（4）为电阻，其值为

$$R = \frac{U}{I} = \frac{2}{1} = 2(\Omega)$$

【4-7】已知图 4-4（a）、（b）中电压表 PV_1 的读数为 30V，PV_2 的读数为 40V；（c）图中电压表 PV_1、PV_2 和 PV_3 的读数分别为 80、15V 和 100V。试完成：

（1）求三个电路端电压的有效值 U 各为多少（各表读数表示有效值）；

（2）若外施电压为直流电压（相当于 $\omega = 0$），且等于 12V，再求各表读数。

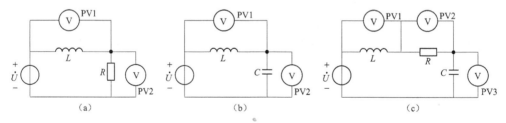

图 4-4　题 4-7 图

解　（1）标出元件电压，如图 4-5 所示。具体求解过程如下：

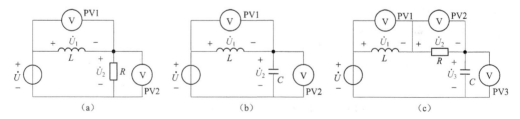

图 4-5　题 4-7 解析图

图 4-5（a）中，$\dot{U} = \dot{U}_1 + \dot{U}_2$，设 $\dot{U}_1 = 30\angle 0°\text{V}$ 时，有 $\dot{U}_2 = 40\angle -90°\text{V}$，则

$$\dot{U} = \dot{U}_1 + \dot{U}_2 = 30\angle 0° + 40\angle -90° = 50\angle -53°(\text{V})$$

故 $U = 50\text{V}$。

图 4-6（b）中，$\dot{U} = \dot{U}_1 + \dot{U}_2$；设 $\dot{U}_1 = 30\angle 0°\text{V}$ 时 $\dot{U}_2 = 40\angle -180°\text{V}$，则

$$\dot{U} = \dot{U}_1 + \dot{U}_2 = 30\angle 0° + 40\angle -180° = -10(\text{V})$$

故 $U = 10\text{V}$。

图 4-6（c）图中，$\dot{U} = \dot{U}_1 + \dot{U}_2 + \dot{U}_3$；设 $\dot{U}_1 = 80\angle 0°\text{V}$ 时，有 $\dot{U}_2 = 15\angle -90°\text{V}$，$\dot{U}_3 = 100\angle -180°\text{V}$，则

$$\dot{U} = \dot{U}_1 + \dot{U}_2 + \dot{U}_3 = 80\angle 0° + 15\angle -90° + 100\angle -180° = 25\angle -143°(\text{V})$$

故 $U = 25\text{V}$。

（2）若外施电压为直流电压（相当于 $\omega = 0$），电感相当于短路，电容相当于断路。当外电压 12V，图 4-4（a）中，PV1 表读数为 0，PV2 表读数为 12V。图 4-4（b）中，PV1 表读数为零，PV2 表读数为 12V。图 4-4（c）中，PV1 表读数为 0，PV2 表读数为 0，PV3 表读数为 12V。

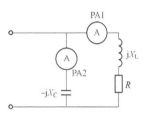

图 4-6 题 4-8 图

【4-8】图 4-6 所示电路中，已知 $X_C = X_L = R$，电流表 PA1 的读数为 4A，试求电流表 PA2 的读数。若 $X_C = \sqrt{2}X_L$ 且 $X_L = R$，电流表 PA1 的读数不变，试求电流表 PA2 的读数。

解 根据题意，标出各支路电流如图 4-7 所示，解析如下：

（1）因为 $\dot{I}_2 = \dfrac{\dot{U}}{-jX_C}$，$\dot{I}_1 = \dfrac{\dot{U}}{R + jX_L}$，且 $X_C = X_L = R$，所以 PA2 读数为 $I_2 = \sqrt{2}I_1 = 4\sqrt{2}$（A）。

（2）若 $X_C = \sqrt{2}X_L$，且 $X_L = R$，因为 $\dot{I}_2 = \dfrac{\dot{U}}{-jX_C}$，$\dot{I}_1 = \dfrac{\dot{U}}{R + jX_L}$，所以 PA2 读数为

$$I_2 = I_1 = 4\text{A}$$

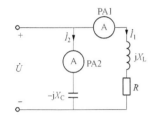

图 4-7 题 4-8 解析图

【4-9】图 4-8 所示电路中，已知激励电压 u_i 为正弦电压，频率为 1000Hz，电容 $C = 0.1\mu\text{F}$。要求输出电压 u_o 的相位比 u_i 滞后 $60°$，问电阻 R 的值应为多少？

解 根据题意，将参数的相量形式标注于图 4-9。

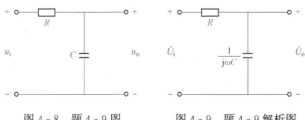

图 4-8 题 4-9 图   图 4-9 题 4-9 解析图

因为 $\quad \dot{U}_o = \dfrac{\dot{U}_I}{R+\dfrac{1}{\mathrm{j}\omega C}} \cdot \dfrac{1}{\mathrm{j}\omega C} \Longrightarrow \dfrac{\dot{U}_o}{\dot{U}_i} = \dfrac{1}{1+\mathrm{j}\omega RC} = \dfrac{1\angle 0°}{\sqrt{1+(\omega RC)^2}\angle \arctan\omega RC}$

由题意，输出电压 u_o 的相位比 u_1 滞后 $60°$，故有

$$\angle \arctan\omega RC = 60° \Longrightarrow \omega RC = \sqrt{3} \Longrightarrow R = \dfrac{\sqrt{3}}{\omega C} = \dfrac{1.732}{2\times 3.14\times 1000\times 0.1\times 10^{-6}} = 2758(\Omega)$$

【4-10】 图 4-10 所示电路中，已知 $u=50\sqrt{2}\cos 2t\mathrm{V}$，$i_s=10\sqrt{2}\cos(2t+36.9°)\mathrm{A}$。试确定 R 和 C 之值。

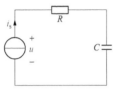

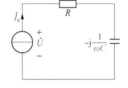

图 4-10 题 4-10 图　　图 4-11 题 4-10 解析图

解　根据题意，写出电路中各元件相量形式如图 4-11 所示。

$$\dot{U} = \left(R-\mathrm{j}\dfrac{1}{\omega C}\right)\dot{I}_s \Longrightarrow R-\mathrm{j}\dfrac{1}{\omega C} = \dfrac{\dot{U}}{\dot{I}_s} = \dfrac{50\angle 0°}{10\angle 36.9°} = 5\angle -36.9° = 4-\mathrm{j}3(\Omega)$$

所以，有

$$R = 4\Omega,\ \dfrac{1}{\omega C} = 3 \Longrightarrow C = \dfrac{1}{3\omega} = \dfrac{1}{3\times 2} = \dfrac{1}{6}(\mathrm{F})$$

【4-11】 图 4-12 所示电路中，已知图 (a) 中 $I_1=I_2=10\mathrm{A}$，且 $\dot{I}_1=10\angle 0°\mathrm{A}$，求 $\dot{I}$ 和 $\dot{U}_s$；图 (b) 中 $\dot{I}_s=2\angle 0°\mathrm{A}$，求 $\dot{U}$。

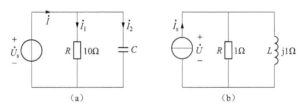

图 4-12 题 4-11 图

解　图 4-12 (a) 所示电路中，由于电阻电压与电流同相位，电容电压比其电流相位滞后 $90°$，则有

$$\dot{I}_1 = 10\angle 0°\mathrm{A} \Longrightarrow \dot{I}_2 = 10\angle 90°(\mathrm{A})$$
$$\dot{I} = \dot{I}_1 + \dot{I}_2 = 10\angle 0° + 10\angle 90° = 10\sqrt{2}\angle 45°(\mathrm{A})$$
$$\dot{U}_s = R\dot{I}_1 = 10\times 10\angle 0° = 100\angle 0°(\mathrm{A})$$

图 4-12 (b) 所示电路中，有

$$\dot{U} = \dot{I}_s(1/\!/\mathrm{j}1) = \dfrac{1\times \mathrm{j}}{1+\mathrm{j}}\times 2\angle 0° = \sqrt{2}\angle 45°(\mathrm{A})$$

【4-12】 图 4-13 所示电路中，已知 $Y_1=0.16+\mathrm{j}0.12$ (S)，$Z_2=5\Omega$，$Z_3=3+\mathrm{j}4$ (Ω)，

电流表读数为 2A，试求电压 U。

   解 根据题意，标出支路电流如图 4 - 14 所示。

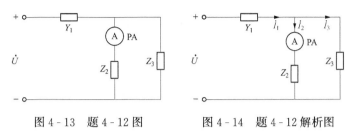

图 4 - 13　题 4 - 12 图   图 4 - 14　题 4 - 12 解析图

当 $\dot{I}_2 = 2\angle 0°\mathrm{A}$ 时，有

$$\dot{I}_3 = \frac{Z_2 \times 2\angle 0°}{Z_3} = \frac{5 \times 2\angle 0°}{3 + \mathrm{j}4} = 2\angle -53°(\mathrm{A})$$

$$\dot{I}_1 = \dot{I}_2 + \dot{I}_3 = 2\angle 0° + 2\angle -53° = 3.2 - \mathrm{j}1.6(\mathrm{A})$$

$$Z_1 = \frac{1}{Y_1} = \frac{1}{0.16 + \mathrm{j}0.12} = \frac{0.16 - \mathrm{j}0.12}{(0.16 + \mathrm{j}0.12)(0.16 - \mathrm{j}0.12)} = 4 - \mathrm{j}3(\Omega)$$

$$\dot{U} = Z_1 \dot{I}_1 + Z_2 \dot{I}_2 = (4 - \mathrm{j}3)(3.2 - \mathrm{j}1.6) + 5 \times 2\angle 0° = 18 - \mathrm{j}16 = 24.1\angle -41.6°(\mathrm{V})$$

   【4 - 13】 如图 4 - 15 所示电路，已知电流表 PA1 的读数为 3A、PA2 为 4A，试求 PA 表的读数。若此时电压表读数为 100V，试求端口 a - b 的阻抗。

   解 根据题意，标出支路电流如图 4 - 16 所示。

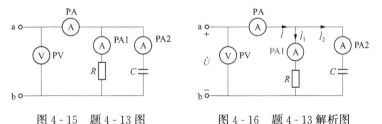

图 4 - 15　题 4 - 13 图   图 4 - 16　题 4 - 13 解析图

$\dot{I}_1 = 3\angle 0°\mathrm{A}$ 时，有 $\dot{I}_2 = 4\angle 90°\mathrm{A}$，则

$$\dot{I} = \dot{I}_1 + \dot{I}_2 = 3\angle 0° + 4\angle 90° = 5\angle 53°(\mathrm{A})$$

由 $\dot{U} = R\dot{I}_1$ 得 $R = \dfrac{U}{I_1} = \dfrac{100}{3}$ (Ω)，又由 $\dot{U} = -\mathrm{j}\dfrac{1}{\omega C}\dot{I}_2$ 得

$$\frac{1}{\omega C} = \frac{U}{I_2} = \frac{100}{4} = 25(\Omega)$$

故端口阻抗为

$$Z = R // \left(-\mathrm{j}\frac{1}{\omega C}\right) = \frac{100}{3} // (-\mathrm{j}25) = \frac{\frac{100}{3} \times (-\mathrm{j}25)}{\frac{100}{3} - \mathrm{j}25} = 20\angle -53°(\Omega)$$

   【4 - 14】 图 4 - 17 所示电路，已知图（a）中，$u = 100\sin 2t\,\mathrm{V}$，$i = 10\cos(2t - 150°)\,\mathrm{A}$；图（b）中，$u = 30\cos 2t\,\mathrm{V}$；$i = 10\cos 2t\,\mathrm{A}$。试确定方框内最简单的等效串联组合的元件值。

   解 图 4 - 17（a）所示电路中，将电压、电流转化成相量形式

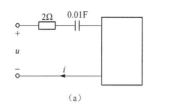 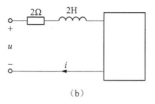

图 4-17   题 4-14 图

$$u = 100\sin 2t\,\text{V} \Longrightarrow u = 100\cos(2t - 90°)\text{V} \Longrightarrow \dot{U} = 50\sqrt{2}\angle -90°\text{V}$$
$$i = 10\cos(2t - 150°)\text{A} \Longrightarrow \dot{I} = 5\sqrt{2}\angle -150°\text{A}$$

设方框内阻抗为 Z，则有

$$
\begin{cases}
Z_{\text{eq}} = \dfrac{\dot{U}}{\dot{I}} = \dfrac{50\sqrt{2}\angle -90°}{5\sqrt{2}\angle -150°} = 10\angle 60° = 5 + j5\sqrt{3}\,\Omega \\[2mm]
Z_{\text{eq}} = 2 - j\dfrac{1}{\omega C} + Z = 2 - j\dfrac{1}{2\times 0.1} + Z = 2 - j5 + Z
\end{cases}
$$

$$\Longrightarrow 2 - j5 + Z = 5 + j5\sqrt{3} \Longrightarrow Z = 3 + j(5 + 5\sqrt{3}) = 3 + j13.66\,(\Omega)$$

说明：方框内为电阻与电感的组合，电阻为 3Ω，电感的感抗为

$$\omega L = 13.66 \Longrightarrow L = \frac{13.66}{2} = 6.83(\text{H})$$

图 4-17（b）中，设方框阻抗为 Z，则

$$
\begin{cases}
Z_{\text{eq}} = \dfrac{\dot{U}}{\dot{I}} = \dfrac{15\sqrt{2}\angle 0°}{5\sqrt{2}\angle 0°} = 3\angle 0° = 3(\Omega) \\[2mm]
Z_{\text{eq}} = 2 + j\omega L + Z = 2 + j2\times 2 + Z = 2 + j4 + Z
\end{cases}
$$

因此 $2 + j4 + Z = 3 \Longrightarrow Z = 1 - j4\ (\Omega)$

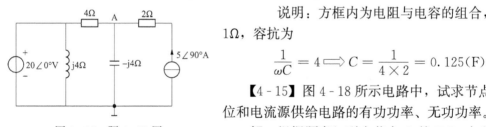

图 4-18   题 4-15 图

说明：方框内为电阻与电容的组合，电阻为 1Ω，容抗为

$$\frac{1}{\omega C} = 4 \Longrightarrow C = \frac{1}{4\times 2} = 0.125(\text{F})$$

【4-15】图 4-18 所示电路中，试求节点 A 的电位和电流源供给电路的有功功率、无功功率。

解 根据题意，列出节点 A 的 KCL 方程，可得

$$\frac{20\angle 0° - \dot{U}_{\text{A}}}{4} + 5\angle 90° = \frac{\dot{U}_{\text{A}}}{-j4} \Longrightarrow \dot{U}_{\text{A}} = \frac{20 - j20}{1 - j} = 20\angle 0°(\text{V})$$

电流源两端电压为

$$\dot{U} = \dot{U}_{\text{A}} + 2\times 5\angle 90° = 20 + j10 = 22.36\angle 25.56°\text{V}$$

电流源供给电路的有功功率、无功功率分别为

$$P = UI\cos(\varphi_u - \varphi_i) = 22.36\times 5\times \cos(25.56° - 90°) = 48.24(\text{W})$$
$$Q = UI\sin(\varphi_u - \varphi_i) = 22.36\times 5\times \sin(25.56° - 90°) = -100.86(\text{Var})$$

【4-16】如图 4-19（a）所示 Y-Y 形对称三相电路中，已知电源 $\dot{U}_{\text{A}} = 220\angle 0°\text{V}$，传输线路等效阻抗 $Z_1 = 3 + j1\Omega$，负载阻抗 $Z = 5 + j5\Omega$，中性线等效阻抗 $Z_{\text{N}} = 1 + j1\Omega$，试求各相

的相电流 $\dot{I}_A$、$\dot{I}_B$、$\dot{I}_C$。

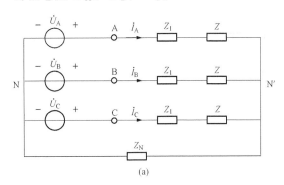 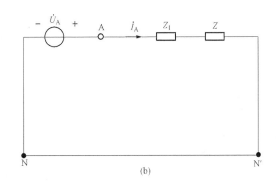

$$\text{图 4 - 19 题 4 - 16 图}$$

解 由图 4 - 19 所示电路结构不难看出，该电路为对称三相电路中性线无电流。在此只计算 A 相电流，再利用对称三相电路的对称性，写出 B、C 相电流。A 相解析电路如图 4 - 22（b）所示。

$$\dot{I}_A = \frac{\dot{U}_A}{Z + Z_1} = \frac{220\angle 0°}{3 + \mathrm{j}1 + 5 + \mathrm{j}5} = \frac{220\angle 0°}{8 + \mathrm{j}6} = \frac{220\angle 0°}{10\angle 37°} = 22\angle -37°(\mathrm{A})$$

根据对称三相电路的对称性，分别写出 B、C 相电流

$$\dot{I}_B = 22\angle -157°(\mathrm{A}), \quad \dot{I}_C = 22\angle 83°(\mathrm{A})$$

【4 - 17】 如图 4 - 20 所示 Y - △形对称三相电路中，已知电源 $\dot{U}_A = 220\angle 0°\mathrm{V}$，负载阻抗 $Z = 6 + \mathrm{j}8\Omega$，试求图中标识的六个电流 $\dot{I}'_A$、$\dot{I}'_B$、$\dot{I}'_C$、$\dot{I}_A$、$\dot{I}_B$、$\dot{I}_C$。

解 由图 4 - 20 电路结构不难看出，该电路为 Y - △型对称三相电路。在此只计算 A 相电流，然后利用 Y - △型对称三相电路相电压与相电压、相电流与线电流之间的关系，写出 B、C 相电流。

由相电压 $\dot{U}_A = 220\angle 0°\mathrm{V}$，可得线电压 $\dot{U}_{AB} = 380\angle 30°\mathrm{V}$，则可算出 A 相负载的相电流为

$$\text{图 4 - 20 题 4 - 17 图}$$

$$\dot{I}'_A = \frac{\dot{U}_{AB}}{Z} = \frac{380\angle 30°}{6 + \mathrm{j}8} = \frac{380\angle 30°}{10\angle 53°} = 38\angle -23°(\mathrm{A})$$

根据对称三相电路的对称性，分别写出 B 相、C 相电流

$$\dot{I}'_B = 38\angle -143°(\mathrm{A}), \quad \dot{I}'_C = 38\angle 97°(\mathrm{A})$$

利用 Y - △型对称三相电路线电流与相电流的关系，分别写出 A、B 相电流

$$\dot{I}_A = \sqrt{3}\dot{I}'_A \angle -30° = \sqrt{3} \times 38\angle -23° \times \angle -30° = 66\angle -53°(\mathrm{A})$$

$$\dot{I}_B = 66\angle -173°(\mathrm{A})$$

$$\dot{I}_C = 22\angle 67°(\mathrm{A})$$

第5章 磁路与变压器

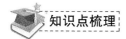 **知识点梳理**

一、磁场基本物理量

（1）磁感应强度（B），是指磁场内某点磁场强弱和方向的物理量。磁感应强度 B 的方向与电流的方向之间符合右手螺旋定则。磁感应强度 B 的单位为特［斯拉］（T），$1T = 1WB/m^2$。均匀磁场指各点磁感应强度大小相等，方向相同的磁场，也称匀强磁场。

（2）磁通（ϕ），可形象描述为垂直于 B 方向的面积 S 中的磁力线总数。在均匀磁场中 $\phi = BS$ 或 $B = \dfrac{\phi}{S}$。如果不是均匀磁场，则取 B 的平均值。磁感应强度 B 在数值上可以看成与磁场方向垂直的单位面积所通过的磁通量，故又称磁通密度。磁通 ϕ 的单位为韦［伯］（Wb），$1Wb = 1V \cdot s$

（3）磁场强度（H），是指磁介质中某点的磁感应强度 B 与磁介质的磁导率 μ 之比。磁场强度 H 的单位为安培/米（A/m）。

（4）磁导率（μ），表示磁场介质磁性的物理量，衡量介质的导磁能力。磁导率 μ 的单位为亨/米（H/m）。真空的磁导率为常数，用 μ_0 表示，即

$$\mu_0 = 4\pi \times 10^{-7} H/m$$

任意一种磁介质的磁导率 μ 与真空磁导率 μ_0 的比值，称为该介质的相对磁导率 μ_r，即 $\mu_r = \dfrac{\mu}{\mu_0}$，对于 B、H、μ 满足关系是 $H = \dfrac{B}{\mu}$。

二、磁路基本定律

磁路的分析和计算主要是利用安培换路定律和磁路的欧姆定律。若某磁路的磁通为 Φ，磁通势为 F，磁阻为 R_m，则根据磁路欧姆定律可得三者的关系为

$$\Phi = \frac{F}{R_m}$$

交流磁路计算有两种方位：其一是预先选定磁性材料中的磁通 Φ（或磁感应强度 B），求产生预定的磁通所需要的磁通势 $F = NI$，确定线圈匝数和励磁电流。其二是先预定线圈电流，要得到相同的磁通 Φ，选择磁路的铁心截面积和材料。

三、变压器

变压器是一种常见的电气设备，在电力系统和电气工程中应用广泛。变压器主要由铁心、绕组、油箱、绝缘套管及相关附件组成。铁心是变压器的磁路，由铁心柱和铁轭两部分组成。铁心柱安放绕组，铁轭使磁路闭合。为了减小涡流损耗和磁滞损耗，铁心常用0.35～0.5mm 厚表面涂有绝缘层的硅钢片叠成。在一个闭合铁心磁路上，绕制两个线圈构成了一个最简单的变压器。闭合磁路将两个互不相连的电路通过磁耦合相互作用，通过电磁感应实现能量的传递。与电源相连的线圈称为一次绕组（也称原边），与负载相连的线圈为二次绕组（也称副边）。

当在变压器一次绕组上加上交流电压 u_1（交流电流 i_1），一次绕组产生的磁通，其中大部分磁通经过铁心闭合，磁通在二次绕组中产生感应电压 u_2。若二次绕组未接负载（空载），二次绕组电流为 0，则铁心中的磁通由一次绕组产生。若二次绕组接有负载 Z_L，二次绕组中产生电流 i_2，则二次绕组产生磁通，其中大部分也通过铁心后闭合，铁心中的磁通是由一次和二次绕组共同作用产生的。

对于变压器相关知识点的分析与计算主要是依据三大变换，即电压变换、电流变换和阻抗变换。一次绕组与二次绕组匝数比 $K = N_1/N_2$，称为变比。

电压变换变比为 $\dfrac{u_1}{u_2} = \dfrac{N_1}{N_2} = K$；电流变换变比为 $\dfrac{i_1}{i_2} = \dfrac{N_2}{N_1} = \dfrac{1}{K}$；阻抗变换：$Z_1 = K^2 Z_L$。从一次绕组两端看进去的等效阻抗，为二次绕组两端外接负载阻抗的 K^2 倍。

本章核心知识点导读如图 5-1 所示。

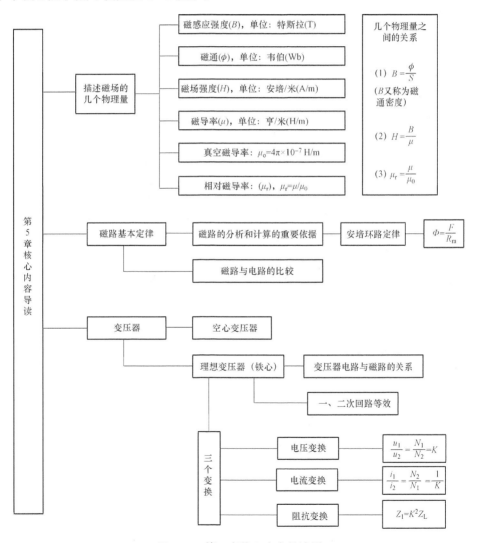

图 5-1　第 5 章核心内容导读图

习题详解

【5-1】两个完全相同的交流铁心线圈,分别工作在电压相同而频率不同($f_1 > f_2$)的两电源下,试分析线圈电流 i_1 和 i_2 的关系。

解 根据题意可知:这两个完全相同的线圈,激励电源电压大小相同,但频率不同。由于频率不同,导致两线圈的阻抗不同,频率越大,其阻抗就越大。又由于电感 VCR 为 $\dot{U}=$ $\mathrm{j}2\pi f \dot{I}$,输入电压大小相同时,频率越大,则电流越小;频率越小,则电流越大。

【5-2】有一匝数 $N=1000$ 线圈,绕在铸钢制成的铁心上,铁心的截面积 $S=20\mathrm{cm}^2$,铁心的平均长度 $l=50\mathrm{cm}$。若要在铁心中产生磁通 $\Phi=0.002\mathrm{Wb}$,试问线圈中应通入多大的直流电流。

解 根据题意解析如下:

$$\begin{cases} Hl = NI \\ \Phi = BS \implies I = \dfrac{\Phi l}{S\mu N} \\ B = \mu H \end{cases} \tag{5-1}$$

依据主教材图 5-1,并计算得铸钢的磁导率为 $\mu=1.33\times10^{-3}\mathrm{H/m}$。将相关参数代入式(5-1)中,可得

$$I = \frac{\Phi l}{S\mu N} = \frac{0.002 \times 0.50}{20 \times 10^{-4} \times 1.33 \times 10^{-3} \times 1000} = 0.376(\mathrm{A})$$

【5-3】在铸钢制成的闭合铁心上有 $N=500$ 匝线圈,线圈电阻 $R=40\Omega$,铁心的平均长度 $l=15\mathrm{cm}$。若要在铁心中产生 B 为 1.2T 的磁感应强度,线圈中应该通入多大的直流电压?若在铁心磁路中加入 $l_0=1\mathrm{mm}$ 的空气气隙,要保持铁心中的磁感应强度不变,加在线圈上的电压应为多少?

解 根据题意解析如下:

依据主教材图 5-1,当 $B=1.2\mathrm{T}$ 时,$H=13\mathrm{A/cm}$。根据安培换路定律 $Hl=NI$,可得

$$I = \frac{Hl}{N} = \frac{13 \times 15}{500} = 0.39(\mathrm{A})$$

$$U = RI \implies U = 40 \times 0.39 = 15.6(\mathrm{V})$$

当磁路中存在空气气隙时,安培换路定律可写为

$$H_0 l_0 + H_1 l_1 = NI$$

$$I = \frac{H_0 l_0 + H_1 l_1}{N} = \frac{\dfrac{B}{\mu_0}l_0 + H_1 l_1}{N}$$

$$= \frac{\dfrac{1.2}{4\pi \times 10^{-7}} \times 1 \times 10^{-3} + 13 \times (15 - 1 \times 10^{-1})}{500}$$

$$= 2.298(\mathrm{A})$$

$$U = RI \implies U = 40 \times 2.298 = 91.92(\mathrm{V})$$

【5-4】一个具有闭合的均匀的铁心线圈,其匝数为 300,铁心中的磁感应强度为 0.9T,磁路的平均长度为 45cm。试求:

(1) 铁心材料为铸铁时线圈中的电流。

（2）铁心材料为硅钢片时线圈中的电流。

解　经查表 B-H，可得：

当 $B=0.9$T 时，铸铁 $H=0.95\times10^3$A/m，硅钢片 $H=0.3\times10^3$A/m

（1）磁介质为铸铁时，根据安培换路定律 $Hl=NI$，可得

$$I=\frac{Hl}{N}=\frac{0.95\times10^3\times45\times10^{-2}}{300}=1.425(\text{A})$$

（2）磁介质为硅钢片时，根据安培换路定律 $Hl=NI$，可得

$$I=\frac{Hl}{N}=\frac{0.3\times10^3\times45\times10^{-2}}{300}=0.45(\text{A})$$

【5-5】某理想变压器的变比 $K=10$，其二次侧负载的电阻 $R_L=8\Omega$。若将此负载电阻折算到一次侧，试计算变压器一次侧等效阻抗。

解　根据题意可得

$$Z_1=K^2R_L=10^2\times8=800(\Omega)$$

【5-6】电路如图 5-2 所示，一个电动势 $E=$100V，内阻 $R_0=800\Omega$ 的信号源，经理想变压器和负载 $R_L=8\Omega$ 接到一起，变压器一次绕组的匝数 $N_1=$1000，若要通过阻抗匹配使负载得到最大功率，试求：

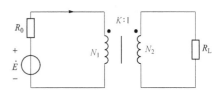

（1）变压器二次绕组的匝数 N_2。

（2）负载获得最大功率。

图 5-2　题 5-6 图

解　（1）根据理想变压器的阻抗变换，将二次侧负载 R_L 变换到一次侧，为 $\left(\frac{N_1}{N_2}\right)^2R_L$。

当 $\left(\frac{N_1}{N_2}\right)^2R_L=R_0$ 时，可获得最大功率。

$$\left(\frac{N_1}{N_2}\right)^2R_L=R_0\Longrightarrow\left(\frac{N_1}{N_2}\right)^2=\frac{R_0}{R_L}=\frac{800}{8}=100$$

$$\frac{N_1}{N_2}=10\Longrightarrow N_2=\frac{N_1}{10}=\frac{1000}{10}=100(\text{匝})$$

（2）最大功率 $P_{\max}$ 为

$$P_{\max}=\frac{E^2}{4R_0}=\frac{100\times100}{4\times800}=3.125(\text{W})$$

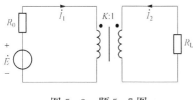

图 5-3　题 5-7 图

【5-7】电路如图 5-3 所示，一个交流信号电动势 $E=38.4$V，内阻 $R_0=1280\Omega$，对电阻 $R_L=20\Omega$ 的负载供电，为使该负载获得最大功率。试求：

（1）应采用变比 K 为多少的变压器。

（2）变压器一、二次侧电压、电流各为多少。

解　根据题意可得

$$R_0=K^2R_L\Longrightarrow K^2=\frac{R_0}{R_L}=\frac{1280}{20}=64\Longrightarrow K=8$$

$$\dot{I}_1 = \frac{\dot{E}}{2R_0} = \frac{38.4}{2 \times 1280} = 0.015(\text{A})$$

$$\frac{\dot{I}_1}{\dot{I}_2} = -\frac{1}{K} \Longrightarrow \dot{I}_2 = -K\dot{I}_1 = -8 \times 0.015 = -0.12(\text{A})$$

$$\frac{\dot{U}_1}{\dot{U}_2} = K \Longrightarrow \dot{U}_2 = \frac{1}{K}\dot{U}_1 = \frac{19.2}{8} = 2.4(\text{V})$$

【5-8】有一单相照明变压器，容量为 10kVA，电压 3300/220V。今欲在二次绕组接上 60W 220V 的白炽灯，如果要变压器在额定情况下运行，这种电灯可接多少个？并求一、二次绕组的额定电流。

解 根据题意解析如下：

$$S_N = U_{1N}I_{1N} \Longrightarrow I_{1N} = \frac{S_N}{U_{1N}} = \frac{10000}{3300} = 3.03(\text{A})$$

根据变压器电流变换规律，有

$$\frac{I_{1N}}{I_{2N}} = \frac{220}{3300} = \frac{1}{15} \Longrightarrow I_{2N} = 15I_{1N} = 15 \times 3.03 = 45.45(\text{A})$$

一盏白炽灯（相当于电阻）上的电流为

$$I = \frac{P}{U} = \frac{60}{220} = 0.27(\text{A})$$

则可接白炽灯的数量为

$$n = \frac{45.45}{0.27} = 168.35(\text{盏})$$

取 $n = 168$（盏）。

【5-9】有一台 50kVA，6600/220V 单相变压器，若忽略电压变化率和空载电流，试求：负载是 220V、40W、$\cos\varphi = 0.5$ 的日光灯 330 盏时，变压器一次侧电流 I_1 和二次侧电流 I_2 分别是多少？变压器是否已满载？若未满载，还能接入多少盏这样的日光灯？如果接入的是 220V、30W、$\cos\varphi = 1$ 的白炽灯，还能接入多少盏？接入白炽灯后二次侧电路的功率因数是多少？

解 根据题意解析如下：

$$S_N = U_{1N}I_{1N} \Longrightarrow I_{1N} = \frac{S_N}{U_{1N}} = \frac{50000}{6600} = 7.58(\text{A})$$

根据变压器电流变换规律得

$$\frac{I_{1N}}{I_{2N}} = \frac{220}{6600} = \frac{1}{30} \Longrightarrow I_{2N} = 30I_{1N} = 30 \times 7.58 = 227.4(\text{A})$$

一盏日光灯阻抗实部（电阻）计算如下

$$P = \frac{U_{2N}^2}{R} \Longrightarrow R = \frac{U_{2N}^2}{P} = \frac{220^2}{40} = 1210(\Omega)$$

一盏日光灯的阻抗（模）$|Z|$ 为

$$|Z| = \frac{R}{\cos\varphi} = \frac{1210}{0.5} = 2420(\Omega)$$

330 盏日光灯总的阻抗（模）$|Z_{eq}|$ 为

$$|Z_{eq}| = \frac{|Z|}{330} = \frac{2420}{330} = 7.33(\Omega)$$

330 盏日光灯总的电流为

$$I_2 = \frac{U_{2N}}{|Z_{eq}|} = \frac{220}{7.33} = 30.14(A)$$

由于 $I_2 < I_{2N}$，所以接入 330 盏日光灯，变压器没有满载。若使变压器满载，还应接入相同日光灯的数量 n 的计算如下

$$\frac{U_{2N}}{\frac{2420}{n+330}} = I_{2N} \Longrightarrow n = \frac{2420 I_{2N}}{U_{2N}} - 330 = \frac{2420 \times 227.4}{220} - 330 = 2171(盏)$$

若使变压器满载，不接入日光灯，而改接入白炽灯，画出此时电路，如图 5-4 所示。

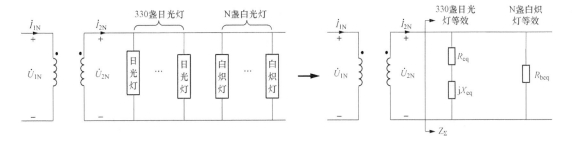

图 5-4　单相变压器带载分析

330 盏日光灯的总阻抗为

$$Z_{eq} = R_{eq} + jX_{eq}$$

$$R_{eq} = Z_{eq}\cos\varphi = 7.33 \times 0.5 = 3.67(\Omega)$$

$$X_{eq} = Z_{eq}\sin\varphi = 7.33 \times \frac{\sqrt{3}}{2} = 6.35(\Omega)$$

一盏白炽灯的电阻为

$$R = \frac{U_{2N}^2}{P} = \frac{220^2}{30} = 1613.3(\Omega)$$

N 盏白炽灯的电阻为

$$R_{beq} = \frac{R}{N} = \frac{1613.3}{N}(\Omega)$$

若使变压器满载，则 $I_2 = I_{2N} = 227.4A$。设 $\dot{U}_{2N} = 220\angle 0°V$

$$\dot{I}_2 = \frac{\dot{U}_{2N}}{R_{eq} + jX_{eq}} + \frac{\dot{U}_{2N}}{R_{beq}} = \frac{220\angle 0°}{3.67 + j6.35} + \frac{220N\angle 0°}{1613.3}$$

$$= \frac{220 \times (3.67 - j6.35)}{(3.67 + j6.35) \times (3.67 - j6.35)} + \frac{220N}{1613.3}$$

$$= 15 - j26 + \frac{220N}{1613.3}$$

$$\left(15 + \frac{220N}{1613.3}\right)^2 + 26^2 = I_{2N}^2 = 227.4^2$$

解得

$$N = 1546(盏)$$

则

$$R_{\text{beq}} = \frac{R}{N} = \frac{1613.3}{1546} = 1.04(\Omega)$$

并联白炽灯后，功率因数 λ 的求解如下：

$$Z_{\Sigma} = Z_{\text{eq}}//R_{\text{beq}} = (3.67 + \text{j}6.35)//1.04$$
$$= 0.465 + \text{j}0.81(\Omega)$$

$$\lambda = \cos(\arctan\frac{0.81}{0.465}) = \cos(\arctan 1.74) = 0.498$$

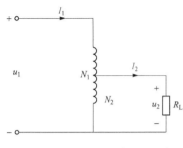

图 5-5　题 5-10 图

【5-10】自耦变压器如图 5-5 所示，已知 $U_1 = 220$V，$U_2 = 40$V，$R_L = 4\Omega$。试求流过绕组 N_1 的电流 I_1 和公共部分中的电流 I_2。

解　根据题意解析如下：

$$I_2 = \frac{u_2}{R_L} = \frac{40}{4} = 10(\text{A})$$

根据变压器电流变换特点，有

$$\frac{I_1}{I_2} = \frac{U_2}{U_1} = \frac{40}{220} = 0.18 \Longrightarrow I_1 = 0.18I_2 = 0.18 \times 10 = 1.8(\text{A})$$

第 6 章 电 动 机

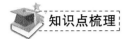 **知识点梳理**

一、三相异步电动机结构与工作原理

三相异步电动机由定子和转子两个主要部分组成。定子是电动机中固定部分，起到支撑和保护电机内部结构的作用。定子由铁心、三相绕组和机座组成。转子是电动机的旋转部分，由转轴、转子铁心和转子绕组等组成。定子三相绕组通入三相交流电，电动机内腔产生旋转磁场。旋转磁场切割转子，转子导条中产生感应电动势，感应电动势在闭合转子回路中产生转子感应电流，从而转子导条在磁场力作用下产生旋转。由于转子转速与旋转磁场转速不同步，所以称为异步。

旋转磁场转速 n_0 与电源频率 f_1 和极对数 p 满足下列关系

$$n_0 = \frac{60 f_1}{p}$$

旋转磁场的转速和电动机转子转速之差与旋转磁场的转速之比称为转差率，可表示为

$$s = \left(\frac{n_0 - n}{n_0}\right) \times 100\%$$

二、三相异步电动机的转矩与机械特性

异步电动机的电磁转矩为转子在旋转磁场的作用下，受到电磁力所形成的转矩总和。如果电源电压不变，则电动机的电磁转矩 T 将仅随着转差率 s 的变化而变化，转矩与转差率的关系曲线 $T = f(s)$ 或转速与转矩的关系曲线 $n = f(T)$，称为异步电动机的机械特性曲线。

根据力学关系，转矩和功率之间的关系为

$$T = \frac{60 P}{2\pi n} = 9550 \frac{P}{n}$$

额定转矩表达式为

$$T_N = 9550 \frac{P_N}{n_N}$$

三、三相异步电动机的启动、调速与制动

与变压器原理类似，三相异步电动机转子电流很大必然导致定子电流也很大，致使电机发热加剧。如果电机能迅速启动，在很短时间内达到额定转速，则电流会快速下降，否则电机长时间处于启动状态，会使电机损坏，并造成电网电压降低，影响其他负载正常工作。

三相异步电机的启动性能较低，为了限制启动电流，并获得满足生产机械要求的启动转矩，需要根据具体情况采用相应的启动方法。笼型电动机启动方法有直接启动和降压启动；绕线电机采用转子串电阻启动。三相异步电动机的调速分机械调速和电气调速，电气调速通过改变电源频率、电机极对数和转差率改变电机的转速。相异步电动机的制动是通过加一个与原转速方向相反的制动力矩，使电动机能迅速停车或反转。制动有机械制动和电气制动两类。机械制动就是使用电磁制动器制动，俗称抱闸。电机在启动时，电磁制动器通电产生电磁

力使抱闸打开,断电停车时抱闸合上。电气制动有能耗制动、反接制动和发电反馈制动等。

本章核心内容导读如图 6-1 所示。

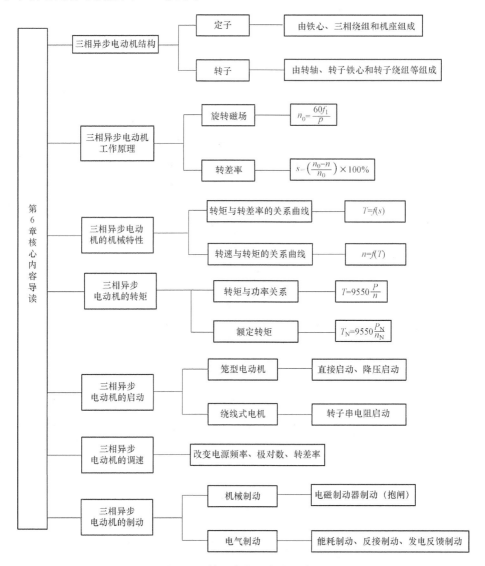

图 6-1　第 6 章核心内容导读图

 习题详解

【6-1】如何改变三相异步电动机的转向?

解　根据题意解析如下:

由于旋转磁场的旋转方向取决于三相电流的相序,所以任意调换两根电源进线就可使旋转磁场反转从而改变三相异步电动机的转向。

【6-2】一台三相异步电动机在额定电压时,带额定负载稳定运行。当电源电压下降 20% 后,电动机的最大电磁转矩和启动电磁转矩变为额定电压时的多少倍?

解　电动机在额定工作情况下,几个转矩分别为:

额定转矩

$$T_N = K \frac{s_N R_2 U_{1N}{}^2}{R_2{}^2 + (s_N X_{20})^2}$$

最大转矩

$$T_{max} = K \frac{U_{1N}{}^2}{2X_{20}}$$

启动转矩

$$T_{st} = K \frac{R_2 U_{1N}{}^2}{R_2{}^2 + X_{20}{}^2}$$

从额定转矩、最大转矩、启动转矩的表达式可以看出，它们均与电源电压的平方成正比。所以，当电源电压下降 20%，最大转矩、启动转矩变为额定电压时的 0.8^2 倍，即 0.64 倍。

【6-3】画出三相异步电动机的固有机械特性曲线和串电阻、变压机械特性曲线。

解　具体分析可以参见教材 6.3 节中三相异步电动机机械特性分析相关内容。

$T = f(s)$ 或转速与转矩的关系曲线 $n = f(T)$，称为异步电动机的机械特性曲线，如图 6-2 所示。

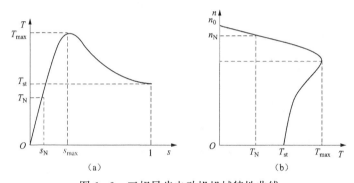

图 6-2　三相异步电动机机械特性曲线

(a) T-$f(s)$；(b) n-$f(T)$

T_N—额定转矩；T_{max}—最大转矩；T_{st}—启动转矩

电压 U 对机械特性曲线影响如图 6-3（a）所示，电阻 R 对机械特性曲线影响如图 6-3（b）所示。

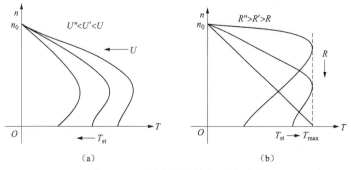

图 6-3　机械特性曲线的变化关系

(a) 电压对机械特性影响曲线；(b) 电阻 R_2 对机械特性影响曲线

【6-4】 如何降低三相异步电动机的启动电流?

解 具体分析可以参见教材 6.3 节和 6.4 节中三相异步电动机机械特性、启动电流分析相关内容。

一般情况下,电动机的启动方法有直接启动、串电阻启动、自耦变压器启动、Y - △减压启动以及变频器启动等方法。

(1) 直接启动,是将电机的定子绕组直接接入电源,在额定电压下启动,具有启动转矩大、启动时间短的特点,也是最简单、最经济和最可靠的启动方式。全压启动时电流大,而启动转矩不大,操作方便,启动迅速,但是这种启动方式对电网容量和负载要求比较大,主要适用于小功率电机启动。

(2) 电机串电阻启动,是降压启动的一种方法。在启动过程中,在定子绕组电路中串联电阻,当启动电流通过时,就在电阻上产生电压降,从而减少了加在定子绕组上面的电压,这样就可以达到减小启动电流目的。

(3) 自耦变压器启动,是利用自耦变压器的多抽头减压启动,既能适应不同负载启动的需要,又能得到更大的启动转矩。这是一种经常被用来启动较大容量电动机的减压启动方式,它的最大优点是启动转矩较大,当其绕组抽头在 80% 处时,启动转矩可达直接启动时的 64%,并且可以通过变压器线圈抽头调节启动转矩。

【6-5】 三相异步电动机的调速方法有哪些? 简述各种方法的工作原理。

解 根据三相异步电动机转速公式 $n = (1-s)\dfrac{60f_1}{p}$ 可知,三相异步电动机的速度跟频率 f_1、极对数 p 以及转差率 s 有关,调节其中任意一个参数,均会使转速发生变化,三相异步电动机调速方法大体可以分为变频调速、变极调速和改变转差率调速。

(1) 变频调速,是改变电动机定子电源的频率,从而改变其同步转速的调速方法。变频调速系统主要设备是提供变频电源的变频器,变频器可分成交流 - 直流 - 交流变频器和交流 - 交流变频器两大类。

(2) 变极调速,这种调速方法是用改变定子绕组的接线方式来改变定子极对数达到调速目的,改变定子绕组的极对数 p,同步转速 n_0 就发生变化。例如,极对数增加一倍,同步转速就下降一半,随之电动机的转速也大约下降一半。显然,这种调速方法只能做到一级一级地改变转速,而不是平滑调速。

(3) 改变转差率。改变转差率 s 的方法有很多,大体可以总结下面三种。

1) 减速串级调速方法:减速器串级调速是指绕线式电动机转子回路中串入可调节的附加电动势来改变电动机的转差,从而达到调速的目的。大部分转差功率被串入的附加电动势所吸收,再利用产生附加的装置,把吸收的转差功率返回电网或转换成能量加以利用。根据转差功率吸收利用方式,串级调速又可分为电机串级调速、机械串级调速及晶闸管串级调速形式,多采用晶闸管串级调速。

2) 绕线式电动机转子串电阻调速方法:绕线式异步电动机转子串入附加电阻,使电动机的转差率加大,电动机在较低的转速下运行。串入的电阻越大,电动机的转速越低。

3) 定子调压调速方法:当改变电动机的定子电压时,可以得到不同的机械特性曲线。从电动机机械特性曲线可以看出,当电压改变时,其转速也会改变。

【6-6】 有一四极三相异步电动机,额定转速 $n_N = 1440 \text{r/min}$,转子每相电阻 $R_2 = 0.02\Omega$,

感抗 $X_{20}=0.08\Omega$，转子电动势 $E_{20}=20\text{V}$，电源频率 $f_1=50\text{Hz}$。试求该电动机启动时以及在额定转速运行时的转子电流 I_2。

解 由转子额定转速 $n_N=1440\text{r/min}$，可知电机同步 $n_0=1500\text{r/min}$，则额定转差率 s_N 为

$$s_N=\frac{n_0-n_N}{n_0}=\frac{1500-1440}{1500}=0.04$$

在额定转速情况下，转差率 $s_N=0.04$，则有

$$I_{2N}=\frac{s_N E_{20}}{\sqrt{R^2+(s_N X_{20})^2}}=\frac{0.04\times20}{\sqrt{(0.02)^2+(0.04\times0.08)^2}}=40(\text{A})$$

在电机启动时，转差率 $s=1$，则有

$$I_{st}=\frac{s E_{20}}{\sqrt{R^2+(s X_{20})^2}}=\frac{1\times20}{\sqrt{(0.02)^2+(1\times0.08)^2}}=242.5(\text{A})$$

【6-7】 有一台四极、50Hz、1425r/min 的三相异步电动机，转子每相电阻 $R_2=0.02\Omega$，感抗 $X_{20}=0.08\Omega$，$E_1/E_{20}=10$。当 $E_1=200\text{V}$ 时，试求：

(1) 电动机启动瞬间转子每相电路的电动势 E_{20}、电流 I_{20} 和功率因数 $\cos\varphi_{20}$；

(2) 电动机额定转速时的 I_{2N} 和 $\cos\varphi_2$。

解 (1) 由转子额定转速 $n_N=1425\text{r/min}$，可知电机同步 $n_0=1500\text{r/min}$，则额定转差率 s_N 为

$$s_N=\frac{n_0-n_N}{n_0}=\frac{1500-1425}{1500}=0.05$$

由题意知

$$\frac{E_1}{E_{20}}=10\Longrightarrow E_{20}=\frac{E_1}{10}=\frac{200}{10}=20(\text{V})$$

在电机启动时，转差率 $s=1$，则有

$$I_{20}=\frac{E_{20}}{\sqrt{R^2+(X_{20})^2}}=\frac{20}{\sqrt{(0.02)^2+(0.08)^2}}=242.5(\text{A})$$

$$\cos\varphi_{20}=\frac{R_2}{\sqrt{R_2^{\ 2}+(X_{20})^2}}=\frac{0.02}{\sqrt{(0.02)^2+(0.08)^2}}=0.24$$

(2) 在额定转速情况下，转差率 $s_N=0.05$，则有

$$I_{2N}=\frac{s_N E_{20}}{\sqrt{R^2+(s_N X_{20})^2}}=\frac{0.05\times20}{\sqrt{(0.02)^2+(0.05\times0.08)^2}}=49.02(\text{A})$$

$$\cos\varphi_{2N}=\frac{R_2}{\sqrt{R_2^{\ 2}+(s_N X_{20})^2}}=\frac{0.02}{\sqrt{(0.02)^2+(0.05\times0.08)^2}}=0.98$$

【6-8】 一台三相异步电动机，铭牌数据如下：Y 形接法，$P_N=4.2\text{kW}$，$U_N=380\text{V}$，$n_N=2970\text{r/min}$，$\eta_N=81\%$，$\cos\varphi_N=0.85$。试求：此电动机的额定相电流、线电流及额定转矩，并回答这台电动机能否采用 Y-△ 启动方法来减小启动电流？为什么？

解 由 $P_{2N}=\sqrt{3}U_{1N}I_{1N}\cos\varphi_Z\eta_N$，可得

$$I_{1N}=\frac{P_{2N}}{\sqrt{3}U_{1N}I_{1N}\cos\varphi_Z\eta_N}=\frac{4.2\times10^3}{\sqrt{3}\times380\times0.85\times0.81}=9.27(\text{A})$$

$$T_N = 9550 \frac{P_{2N}}{n_N} = 9550 \times \frac{4.2}{2970} = 13.51 (\text{N} \cdot \text{m})$$

这台电动机不能采用 Y-△ 启动方法来减小启动电流。因为这台电动机运行时其定子绕组采用的是 Y 接法。一般情况下，运行时采用三角接法的电动机可以采用 Y-△ 换接启动。

【6-9】见教材例题 6-2，试按要求求下列问题：

(1) 如果负载转矩为 510.2N·m，试问在 $U=U_N$ 和 $U=0.9U_N$ 两种情况下，电动机能否启动？

(2) 若将 △ 连接换接成 Y 连接启动，试求启动电流和启动转矩。

(3) 当负载转矩为额定转矩 T_N 的 80% 和 50% 时，电动机能否启动？

解　根据 [例 6-2] 分析结果，本题解析如下：

(1) 当 $U=U_N$ 时

$$T_{st} = 551.8\text{N} \cdot \text{m} > 510.2\text{N} \cdot \text{m}$$

电动机能够启动。

当 $U=0.9U_N$ 时

$$T_{st} = (0.9)^2 \times 551.8(\text{N} \cdot \text{m}) = 446.96\text{N} \cdot \text{m} < 510.2\text{N} \cdot \text{m}$$

电动机不能够启动。

(2) 当电动机定子采用 △ 连接时，$I_{L\triangle} = 84.2\text{A}$。

当电动机定子换接成 Y 连接时，有

$$I_{LY} = \frac{1}{3} I_{L\triangle} = \frac{1}{3} \times 84.2 = 28.1(\text{A})$$

$$T_{stY} = \frac{1}{3} T_{st\triangle} = \frac{1}{3} \times 551.8 = 183.9(\text{N} \cdot \text{m})$$

(3) 当负载转矩为额定转矩 T_N 的 80% 时，负载转矩 T_L 为

$$T_L = 80\% T_N = 0.8 \times 290.4 = 232.3\text{N} \cdot \text{m} > 183.9\text{N} \cdot \text{m}$$

电机不能启动。

当负载转矩为额定转矩 T_N 的 50% 时，负载转矩 T_L 为

$$T_L = 50\% T_N = 0.5 \times 290.4 = 145.2\text{N} \cdot \text{m} < 183.9\text{N} \cdot \text{m}$$

电机能够启动。

【6-10】对例题 [例 6-2] 中电动机采用自耦降压启动，设启动时电动机的端电压降到电源电压的 64%，试求线路启动电流和电动机的启动转矩。

解　根据 [例 6-2] 计算数据，本题解析如下：

当电动机的端电压降到电源电压的 64%，电动机的启动转矩 T'_{st} 为

$$T'_{st} = 64\%^2 T_{st} = 0.64^2 \times 551.8 = 226(\text{N} \cdot \text{m})$$

自耦变压器二次侧启动电流 I'_{2st} 为

$$I'_{2st} = 64\% I_{L\triangle} = 0.64 \times 84.2 = 53.89(\text{A})$$

线路启动电流（自耦变压器一次侧）I'_{1st} 为

$$\frac{I'_{1st}}{I'_{2st}} = 64\% \Longrightarrow I'_{1st} = 0.64 I'_{2st} = 0.64 \times 53.89 = 34.5(\text{A})$$

第7章 继电器-接触器控制系统

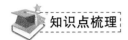 知识点梳理

一、常用的控制电器

机床或其他生产机械运动的自动控制，常采用继电器、接触器以及按钮等控制电器来实现。继电器-接触器控制系统是采用继电器、接触器、按钮、行程开关等电器元件，按一定的连接方式连接而成的自动运动控制系统。典型的控制有点动控制、连续运行控制、正反转控制、行程控制、时间控制等。继电器-接触器控制系统的目的和任务是实现机电传动系统的启动、调速、反转、制动等运行性能的控制和保护。

开关电器在控制电路中可用作不频繁地接通或断开电路的开关，或作为机床电路电源的引入开关。自动空气断路器也称为自动空气开关，是常用的一种低压保护电器，可实现短路保护、过载保护和失电压保护。熔断器俗称保险丝，是简便有效的短路保护电器，主要用作短路保护或过载保护，常串联在被保护的电路中。按钮在自动控制系统中常用作接通或断开控制电路的电器设备，用以发送控制指令或用作程序控制。按钮的触点分动断触点（常闭触点）和动合触点（常开触点）两种。交流接触器是一种在电磁力的作用下，能够自动地接通或断开带有负载的主电路（如电动机）的自动控制电器。根据用途不同，交流接触器的触点分主触点和辅助触点两种。继电器是一种根据特定输入信号而动作的自动控制电器，其种类很多，有中间继电器、热继电器、时间继电器等类型。

二、继电器-接触器控制电路

继电器-接触器控制电路一般由主电路和控制电路两部分组成。主电路是由电动机以及与电动机相连接的电器、连线等组成的电路。控制电路是由操作按钮、控制电器等组成的电路，实现对主电路的控制。继电器-接触器控制电路在工作过程中，可能会出现一些异常情况，如电源电压过低、电动机电流过大、电动机定子绕组相间短路或电动机绕组与外壳短路等，如果不及时切断电源则可能会对设备或人身带来危险，因此必须采取保护措施。常用的保护环节有短路保护、过载保护、失电压保护和欠电压保护等。

本章核心知识点导读如图7-1所示。

 习题详解

【7-1】 如图7-2所示手动起停控制电路是否有短路保护、过载保护和失电压保护？

解 图7-2所示电动机启停控制电路中，包含了刀开关和熔断器。刀开关作用是接通或断开电路的开关，或者机床电路电源的引入开关。

熔断器，俗称保险丝，主要作用是短路保护和过载保护，不能起到失电压保护和欠电压保护。

【7-2】 为什么热继电器不能作短路保护？

解 根据热继电器的结构和工作原理，以及短路保护措施和短路保护的需要，本题分析

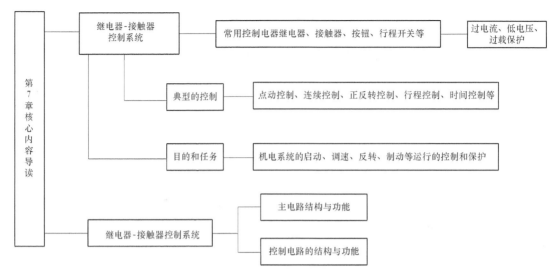

图 7-1　第 7 章核心内容导读图

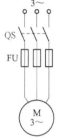

图 7-2
题 7-1 图

如下：

　　由热继电器的结构和工作原理可知，它是利用电流的热效应而工作的。当流过主电路中发热元件的电流超过容许值并经过一定的时间后（热惯性），不同线膨胀系数的双金属片受热弯曲变形使扣板脱钩，从而使其动断触点（串联于控制电路中）断开，接触器线圈断电，电动机主电路断开，从而实现过载保护。由于热继电器具有热惯性，电动机起动或短时间过载时，它不会动作，可以避免电动机的不必要停车。当电动机发生短路故障时，短路电流在很短的时间内达到很大数值，要求迅速切断电源以保护电动机。但短时间内热元件的热积累还不足以使双金属片变形来带动触点动作。所以热继电器不能满足电路发生短路故障时瞬间断电的要求，因而不能用于短路保护。

　　热继电器的工作原理，热继电器流入电流热元件发热，使有不同膨胀系数的双金属片发生形变，当形变达到一定距离时，就推动连杆动作，使控制电路断开，从而使接触器失电，主电路断开，实现电动机的过载保护。继电器作为电动机的过载保护元件，以其体积小，结构简单、成本低等优点在生产中得到了广泛应用。

　　【7-3】热继电器的发热元件为什么要用三个？用两个或一个是否可以？试从电动机的单相运行分析。

　　解　用三个发热元件可确保电动机过载时，电动机安全断电。一般来说用两个发热元件就可以，但只用一个不行。因为当电动机在运行过程中由于某种原因接至电源的三根导线中有一根断线，从而使电动机处于缺相运行状态，若接入的一个发热元件恰好就在这根断线上，那么电动机就失去了过载保护。若用两个发热元件，即使一相断线，另一个仍然可以起作用。当然用三个发热元件，过载保护更有保障，而且在三相电流严重不对称时也会动作。

　　【7-4】图 7-3 笼型电动机直接启动的控制电路中是如何实现零电压（或失电压）保护的？直接用刀开关启动和停止电动机有无零压保护？

解　所谓零电压（或失电压）保护是指当电源断电或电压严重降低时，接触器的线圈失电，电磁铁释放使主触点断开，电动机自动从电源切除停转。当电源重新恢复供电或电源电压恢复正常时，如果不重新按启动按钮，则电动机不能自行启动（用于自锁的动合触点已断开）。此时，刀开关的只要合闸后就与直接接通一样，没有零电压保护。

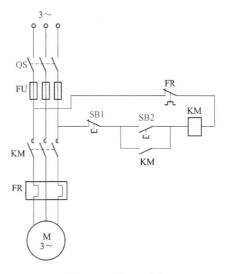

图 7 - 3　题 7 - 4 图

【7 - 5】简述继电控制系统自锁和互锁的作用与区别？

解　"自锁"控制电路是指，作为控制用的接触器或继电器一经通电即利用其与按钮并联的自身动合触点吸合，保持通电状态；互锁是指两个接触器（或继电器）彼此的一个辅助动断触点与对方通电线圈相串联，以确保在同一时间内只允许一个接触器或继电器工作。

【7 - 6】图 7 - 4 所示控制电路能否控制电机的启停，为什么？

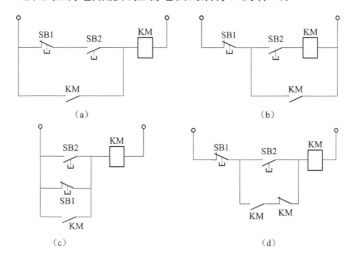

图 7 - 4　题 7 - 6 图

解　根据继电器 - 接触器控制系统的结构和工作原理，本题解析如下：

对于图 7 - 4（a）所示电路，按钮 SB2 闭合，接触器 KM 带电，动合触点 KM 闭合。即使按钮 SB2 断开或按钮 SB1 断开，接触器 KM 依然带电，动合触点 KM 依然闭合，所以不可能控制电机的启停。

对于图 7 - 4（b）所示电路，按钮 SB2 闭合，接触器 KM 带电，动合触点 KM 闭合。即使按钮 SB2 断开，接触器 KM 依然带电。但若按钮 SB1 断开，接触器 KM 失电，动合触点 KM 断开，所以能够控制电机的启停。

对于图 7 - 4（c）所示电路，无论按钮 SB1、SB2 闭合还是断开，接触器始终 KM 带电，动合触点 KM 闭合，所以不可能控制电机的启停。

对于图 7-4（d）所示电路，按钮 SB2 闭合，控制回路接通，接触器 KM 带电，从而主电路中的动合触点 KM 闭合，电动机工作。但按钮 SB2 断开，接触器 KM 失电主电路中的动合触点 KM 断开，电机停止。所以，此电路可以控制电动机的启动。

【7-7】试画出能实现甲乙两地同时控制一台电机启停的控制电路原理图。

解 根据继电器-接触器控制系统的结构和工作原理，画甲乙两地同时控制一台电机启停的控制电路原理图，如图 7-5 所示。

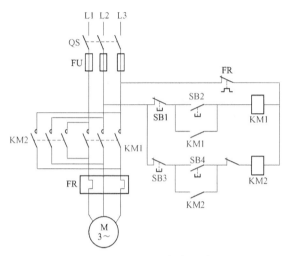

图 7-5 甲乙两地同时控制一台电机
启停的控制电路和原理图

【7-8】试说明图 7-6 所示的笼型电动机的连续转动的电路图有几处错误，并改正。

解 根据继电器-接触器控制系统的结构和工作原理可知，图 7-6 所示笼型电动机的连续转动电路有四处错误：

（1）熔断器应接在开关 QS 之后。

（2）控制电路的电源，从主电路电源引出，引出点应在接触器主触点的上方。

（3）控制电路中，没有接入热继电器的辅助动断触点。

（4）控制电路中的接触器辅助动合触点 KM 应与常开按钮 SB2 并联。

修正后电路如图 7-7 所示。

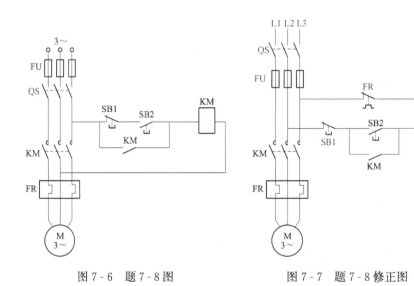

图 7-6 题 7-8 图   图 7-7 题 7-8 修正图

【7-9】试说明图 7-8 所示的笼型电动机的正反转控制电路原理图有几处错误，并改正。

解 根据笼型电动机的正反转控制要求，图 7-8 所示电路具有如下七处错误，如图 7-9 电路所示。修改后正确的电路如图 7-10 所示。

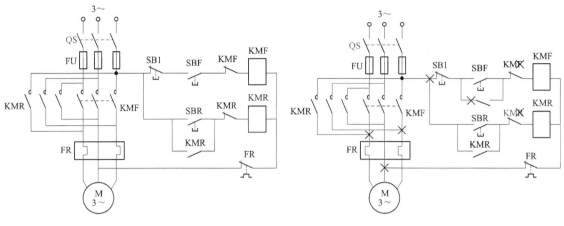

图 7 - 8　题 7 - 9 图　　　　　　　　　图 7 - 9　题 7 - 9 解析图

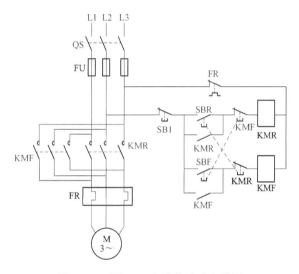

图 7 - 10　图 7 - 9 电路修改后电路图

【7 - 10】指出图 7 - 11 所示笼型电动机正反控制电路中有哪些保护？且分别由什么器件实现？

解　根据笼型电动机的正反转控制电路和性能要求，该电路控制线路具有短路保护、过载保护和失电压（欠电压）保护等功能。这些保护分别由下列器件实现：

（1）熔断器，即保险丝，具有短路保护的作用。

（2）接触器具有知晓失电压（欠电压）及失电压（欠电压）保护。

（3）热继电器具有失电压（欠电压）保护的措施和失电压（欠电压）保护。

【7 - 11】试画出可实现下述要求的顺序控制电路原理图，要求：M1 启动后 M2 才能启动。M2 既不能单独启动，也不能单独停车。

解　根据以上分析和题意要求，顺序控制电路，如图 7 - 12 电路所示。

【7 - 12】试说明图 7 - 13 中所示控制电路的功能及所具有的保护作用。若 KM1 通电运行时按下 SB3，试问电动机的运行状况如何变化？

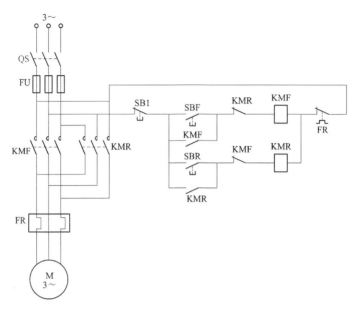

图 7-11 题 7-10 图

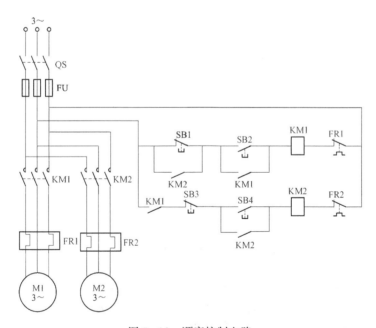

图 7-12 顺序控制电路

解 根据知识点剖析中介绍和图 7-13 所示电路，分析如下：

（1）控制电路的功能。假设 KM1 控制正转，KM2 控制反转。若 KM1 带电，KM2 失电，电动机正转，直至触击行程开关 STA1；若 KM2 带电，KM1 失电，电动机反转，直至触击行程开关 STB1。

（2）电路所具有的保护。熔断器具有短路保护功能；热继电器具有过载保护功能；接触器具有欠电压或失电压保护功能；具有自锁、电气联锁保护功能。

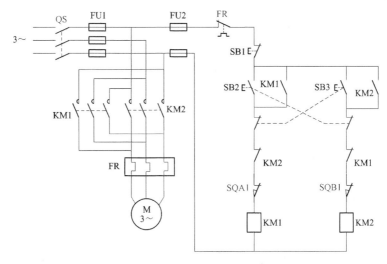

图 7 - 13　题 7 - 12 图

（3）若 KM1 通电运行时，按下 SB3，电动机的运行将反转。

第8章　工业企业供电与用电安全

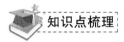 知识点梳理

一、发电、输电与配电

电能是现代工业生产的主要能源，按照利用的能源种类的不同，发电厂可分为水力发电厂、火力发电厂、风力发电厂、核能发电厂（核电站）以及太阳能发电厂等。为了充分合理地利用动力资源，降低发电成本，大中型发电厂大多建在储藏有大量动力能源的地方，距离用电地区很远，往往是几十、几百甚至上千千米。为了减少输电线路上的功率损耗，远距离输电通常需要用高压甚至特高压来进行。电能从发电厂传输到用户，要通过各种不同电压的输电线和变配电站组成的电力系统。变电站的任务是接受电能和变换电压，配电站的任务是接受电能和分配电能。

二、安全用电

在日常生产生活中，不仅要充分发挥电能的作用，同时用电要遵守用电规章，保证用电安全。当人体触及带电体时，电流通过人体会对人的身体和内部组织造成不同程度的损伤。当直接接触带电部位，或接触设备正常不应带电的部位，但由于绝缘损坏出现漏电而产生触电时，都会有电流流过人体，造成一定的伤害。常见的触电方式大致有单相触电、两相触电。当人体触及带电的电气设备外壳，也会对人身产生一定的损伤。为了防止触电，电气设备的金属外壳必须采取一定的防范措施，其方法是将供电系统及电气设备连接接地极。接地极直接埋在大地中，接地电阻应小于 4Ω。常见的保护措施有工作接地、保护接地和保护接零等。

本章核心内容内容导读如图 8-1 所示。

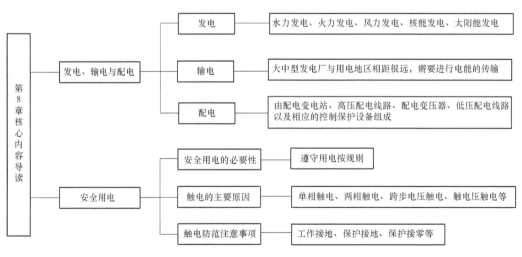

图 8-1　第 8 章核心内容导读图

习题详解

【8-1】 为什么远距离输电要采用高压电？

解　远距离输电采用高压可以减少在线路上浪费的电能。输电要用导线，导线有电阻，如果导线很短，电阻很小可忽略，而远距离输电时，导线很长，电阻很大，不能忽略。

根据能量公式 $W=I^2Rt$ 可知，减小发热有以下三种方法：一是减小输电时间 t，二是减小输电线电阻 R，三是减小输电电流 I。电流减小一半，损失的电能就降为原来的 $1/4$。另外，输电就是要输送电能，输送的功率必须足够大，才有实际意义。根据公式 $P=UI$，要使输电电流 I 减小，而输送功率 P 不变（足够大），就必须提高输电电压 U。

【8-2】 单线触电和两线触电哪个更危险？为什么？

解　如果是所触及的三相电源为市电。市电相线与相线之间的电压为线电压，有效值为 380V；相线与地线之间的电压为相电压，有效值为 220V。那么单线触电所作用于人体的电压为 220V，两线触电作用于人体的电压为 380V，显然后者更危险。

【8-3】 触电程度跟哪些因素有关？

解　人体触电后，电击造成伤害事故的严重程度与下列因素有关：

（1）通过人体电流的大小：根据研究和事故统计资料，通过人体电流的大小对人体的影响见表 8-1。

（2）电流通过人体的时间：电流作用于人体时间的长短，直接关系到人体各器官的损害程度。

（3）电流通过人体的途径：电流如果沿着人的脊柱通过（如电流从手流到足），或者流过有关生命的重要器官，尤其是心脏，则是最危险的。

（4）电源的频率：不同的触电电源频率对触电者造成的损害是不一样。实验证明，触电电源的频率越低，对人身的伤害越大。特点是频率为 40～60Hz 的交流电对人体更为危险，低于或高于这个频率时，其伤害有不同程度的减轻。

（5）触电者的健康状况：各人的身体状况不同，其触电程度是不同的。如心脏病、肺结核病、精神病和内分泌器官病患者，触电尤其危险。

（6）与人的性别和年龄有关：女性对电流较男性更为敏感，小孩摆脱电流的能力较低，遭受雷击时远比成人危险。

（7）急救方法：触电后，采取的急救方法是否得当，直接与触电者的生命安全有关。

电击时，电流对人体影响特征见表 8-1。

表 8-1　　　　　　　　　　　　**电流对人体的影响特征**

电流（mA）	电流影响人体特征（感觉）	
	直流电	50～60V 交流电
0.6～1.5	没有感觉	开始感到手指麻刺
2～3	没有感觉	手指麻刺强烈
5～7	刺痛，感到灼热	手肌肉痉挛
8～10	灼热感增强	手摆脱带电体困难
20～25	灼热感厉害，产生不强烈的肌肉痉挛	手迅速麻痹，不能摆脱带电体，呼吸困难
50～80	呼吸麻痹	呼吸麻痹，持续 3s 或更多时间心脏麻痹，并停止呼吸

【8-4】人体接触220V裸线触电，而小鸟儿两脚站在高压裸线上却无事，这是为什么？

解　根据以上说明和安全用电等相关知识，相关分析如下：

人体接触电线触电的原因，是因为人站立在地面或人的身体的一部分接地了。如果接触电线，电线上的电压（220V）和人脚下的低压（地，参考位0V）之间产生了电动势差并通过人体形成了电流，人变成了导体，就会触电。而鸟不可能是一只脚站在电线上一只脚站在地上的，或者两脚同时接触到不同的裸露电线，小鸟只能是两只脚一起站在一条电线上，即使电线是裸线，鸟两爪之间是等电位的，没有电动势差，不会形成电流，不会触电。

【8-5】照明灯开关是接到灯的相线端安全，还是接到工作中性线端安全？为什么？

解　根据照明灯开关的结构和特点，以及安全用电和电路操作规范，分析如下：

开关接在中性线上，当开关断开时，用电器尽管不工作，但用电器电路与"地"之间仍存在220V电压，不方便维修，也不安全。开关接在相线上，当断开开关时，用电器电路与"地"连接，维修方便，也不易触电。

【8-6】安全电压供电的系统就绝对安全吗？

解　一般情况下，很多人认为，36V是安全电压，人摸到36V很安全，一点事都没有。事实真的是这样吗？实际上，这个说法是不严谨的。36V是安全电压，这个说法是没错。但是在某些情况下，36V甚至12V电压都是有致命危险的。

安全电压是指不会使人直接致死或致残的电压，一般环境条件下允许持续接触的"安全特低电压"是36V。根据《安全电压》（GB/T 3805—2008）规定，我国安全电压分为5个等级为42、36、24、12和6V，应根据作业场所、操作员条件、使用方式、供电方式、线路状况等因素选用。针对不同的环境，安全电压是不一样的。在普通环境下，36V是安全的，但是在特别潮湿或者有导电金属粉尘的场所，它却是致命的。为什么不同的环境，安全电压不一样呢？这就要从触电电流、人体电阻这两点来分析。

触电是指人体直接触及带电体时，电流通过人体时引起的组织损伤和功能障碍，甚至发生心跳和呼吸骤停。通过人体的电流越大，危险性越大；电流通过人体的持续时间越长，死亡的可能性越大。有相关资料研究表明：当通过人体的电流达到0.7mA时，就能引起人的感觉；当通过人体电流达到10mA时，就可能不能自主摆脱；当通过人体的电流达到50mA时，短时间（1s）内就会发生致命危险。安全电压等级与应用场所见表8-2。

表8-2　　　　　　　　　　　　安全电压等级与应用场所

安全电压等级（V）	应用场所
42	有触电危险的手持电动工具
36	比较干燥的一般场所
24	潮湿、有导电金属粉尘等场所
12	特别潮湿、金属容器等人体大面积接触带电体的场所
6	水下作业

【8-7】有些人为了安全，将家用电器的外壳接到自来水管或暖气管上，这样能保证安全吗？为什么？

解　这种做法并不安全，自来水管道或暖气管虽然有一部分是埋在地下，但是管道在连接部位会接触不良，相当于接地线接触不良，这时如果家用电器真正漏电，那么自来水管道也会带电。

【8-8】图 8-2 所示是刀开关的三种连线图,试问哪一种接法正确?

解　根据照刀开关的结构和特点,以及安全用电和电路操作规范判断,图 8-2(b)安装正确。相关分析如下:

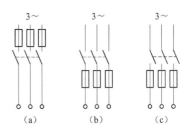

图 8-2　题 8-8 图

(1)刀开关必须垂直安装在开关板上,安装时闸刀往上推为合闸,切勿装反;接线时要保证上接电源,下接负载。刀开关不允许横装和倒装,防止当刀开关断开后,若支架松动,闸刀在自身重力作用下跌落而意外合闸,造成触电事故。

(2)刀开关应安装在防潮、防尘、防震的地方。平时做好防尘、除尘工作,以免刀开关绝缘降低而引起短路。

(3)连接刀开关接线桩头的导线,不能在桩头外露出线芯,否则易造成触电事故。

(4)刀开关不应带负荷合闸或拉闸。用户一定要带负荷操作闸刀时,人体应尽量远离闸刀,用户的动作必须迅速,避免拉合闸刀时产生的电弧灼伤人体。

【8-9】如果采用三相五线制方式供电,试画出家用电相交流电器电源插座的接线图。

解　根据三相电路结构和特点,安全用电等相关知识,绘制出三相五线制方式供电四种情况,如图 8-3 所示。

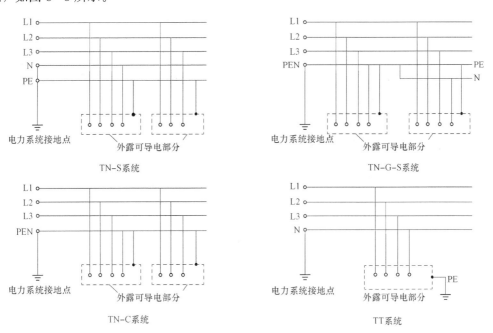

图 8-3　三相五线制方式供电的四种情况

【8-10】在同一供电线路上,为什么不允许一部分电气设备保护接地,另一部分电气设备保护接零?

解　保护接地是指在电源中性点不接地的低压供电系统中,将电气设备的金属外壳通过接地线与接地体(埋入地下的金属导体)可靠地连接。电气设备采用保护接地后,即使带电导体因绝缘损坏且碰壳,但人体在触及带电的外壳时也不会触电。这是由于人体相当于与接地电阻并联，而人体电阻远大于接地电阻，因此通过人体的电流就微乎其微，保证了人身的安全。保护接地通常适用于电压低于 1kV 的三相三线制供电线路，或电压高于 1kV 的电力网中。

　　保护接零是指将电气设备的金属外壳用导线单独接到电源零线（即中性线）上。保护接零适用于电压低于 1kV 且中性点接地的三相四线制低压系统。保护接零后，一旦电气设备的某相绕组的绝缘损坏而使外壳与绕组直接短接时，就会形成单相短路，这一相的熔断器迅速熔断，使外壳不再带电。即使熔断器因某种情况而未熔断，也会由于人体电阻远大于线路电阻，使通过人体的电流极其微小，防止了触电事故的发生。

　　在同一系统中，若保护接零与保护接地混用，一旦采用保护接地的设备发生碰壳故障，不仅采用保护接地的电机外壳有危险电压，而且所有接零设备的外壳将全部带有危险电压。在线路保护装置未动作的情况下，设备外壳将长时间带电，这对于接触电气设备的人员是很危险的。

　　【8-11】为什么中性点接地的系统中，除采用保护接零外，还要采用重复接地？

　　解　保护接零就是将电气设备的金属外壳用导线单独接到电源零线（或称中性线）上。保护接零适用于电压低于 1kV 且中性点接地的三相四线制低压系统。保护接零后，一旦电气设备的某相绕组因绝缘损坏而使外壳与绕组直接短接时，就会形成单相短路，迅速使这一相的熔断器熔断，从而使外壳不再带电。这种情况下，即使熔断器未熔断，也会由于人体电阻远大于线路电阻，使通过人体的电流极其微小，防止了触电事故的发生。

　　工作接地使系统拥有一根零线（即中性线），但零线可能由于某种原因在某处断开，结果就会使后面这部分零线形同虚设，与后面这部分零线相连接的保护接零将失去作用，从而带来用电的安全隐患。为了确保安全，可以每隔一定距离就将零线进行接地，即重复接地。

　　如果无重复接地，当零线发生意外断线时，断线后面任一设备均会因绝缘损坏而使外壳带电，这一电压通过中性线引到所有接零设备的外壳，操作人员接触任一设备的外壳，都会存在危险。重复接地一般布置在容量较大的用电设备、线路的分支、曲线终点等处。

　　【8-12】简明扼要说明保护接地和保护接零之间的区别。

　　解　解析参考见题 8-10。保护接地与保护接零示意图如图 8-4 所示。

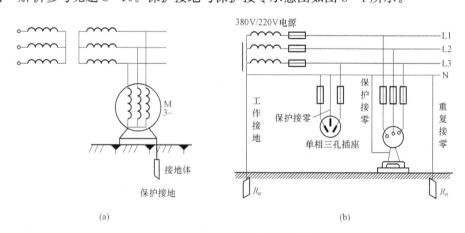

图 8-4　保护接地与保护接零
（a）保护接地；（b）保护接零

＊ 第 9 章 可 编 程 控 制 器

知识点梳理

可编程控制器（PLC）程序一般有系统程序和用户程序两种。系统程序一般由厂家设计，固定在存储器中，用户不得进行修改。用户程序是用户根据控制实际要求，依据可编程控制器编制语言而编写的应用程序，程序编制就是指编制用户程序。PLC 编程语言以梯形图语言和指令语句语言（或称指令助记符语言）最为常用，并且两者常常联合使用。PLC编程不同于高级语言，又不同于汇编语言，它即要满足易于编写和调试的要求，还要考虑现场电气技术人员的接收水平和应用习惯。PLC 程序编制需要遵守编程原则和方法。

梯形图中通常用符号┤├表示 PLC 编程元件的动合触点，用符号┤/├表示动断触点。用符号 ┤├ 或─○─表示线圈。梯形图中编程元件的种类用图形符号以及标注的字母或数字加以区别。

指令语句表是一种用指令助记符来编制 PLC 程序的语言，它类似于计算机的汇编语言，但比汇编语言容易理解。若干条指令组成的程序称为指令语句表。常见指令有 ST 起始指令、OR 触点并联指令、ANI 触点串联反指令（也称与非指令）、OUT 输出指令、END 程序结束指令等。

本章核心内容导读如图 9-1 所示。

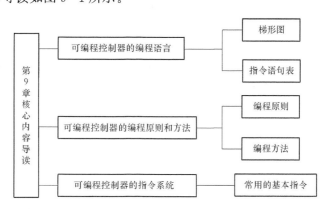

图 9-1　第 9 章核心内容导读图

习题详解

【9-1】试比较图 9-2 各梯形图的指令语句表的异同。

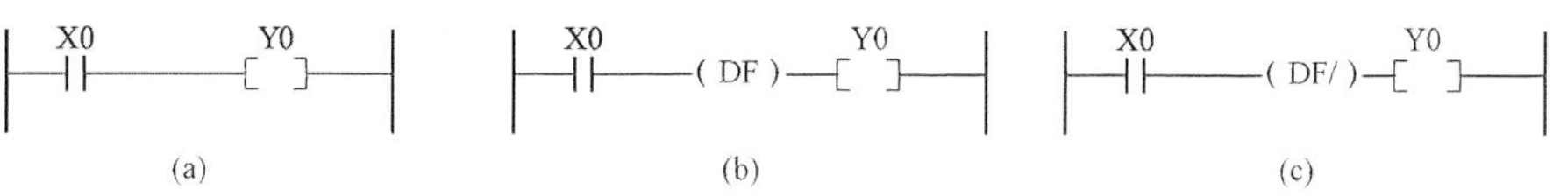

图 9-2　题 9-1 图

解　根据题意，本题解析如下：

(a)	LD　X0	(b)	LD　X0	(c)	LD　X0
	OUT　Y0		PLS　M0		PLF　M0
			LD　M0		LD　M0
			OUT　Y0		OUT　Y0

【9-2】 试写出图9-3所示各梯形图的指令语句表。

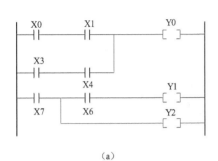

(a)

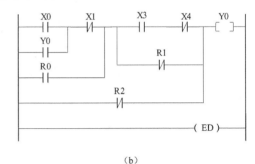

(b)

图9-3　题9-2图

ST	X0
OR	R1
OT	Y1

（a）

ST	X2
OR	R1
AN/	X1
OT	Y1

（b）

ST	X0
AN/	Y1
OT	Y0
ST	X1
AN/	Y0
OT	Y1
ST	Y0
ST	Y1
KP	Y1
ED	

（c）

图9-4　图9-3图

解　根据题意，本题解析如下：

(a)	LD　X0	(b)	LD　X0
	AND　X1		OR　Y0
	LD　X3		ANI　X1
	AND　X4		OR　X2
	ORB		LD　X3
	OUT　Y0		ANI　X4
	LD　X7		ORI　X5
	OUT　Y2		ANB
	AND　X6		ORI　X6
	OUT　Y1		OUT　Y0
			END

【9-3】 试画出图9-4所列指令语句表所对应的梯形图。

解　根据题意，本题解析如下：

（a）语句表：LD　　X0

　　　　　　　OR　　Y1

　　　　　　　OUT　Y1

梯形图如图9-5所示。

（b）语句表：LD　　X2

　　　　　　　OR　　Y1

　　　　　　　ANI　X1

　　　　　　　OUT　Y1

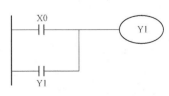

图9-5　题9-3（a）梯形图

梯形图如图 9-6 所示。

（c）语句表：LD　　X0

　　　　　　ANI　　Y1

　　　　　　OUT　Y0

　　　　　　LD　　X1

　　　　　　ANI　　Y0

　　　　　　OUT　Y1

　　　　　　LD　　Y0

　　　　　　OR　　Y1

　　　　　　SET　　Y2

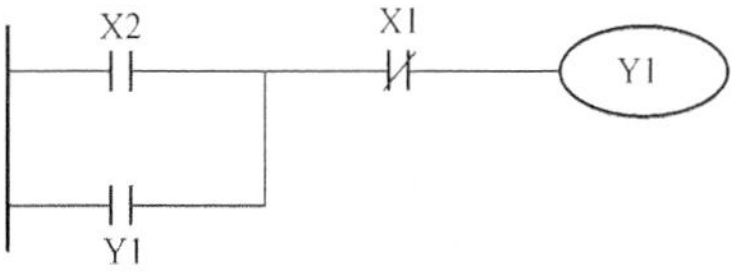

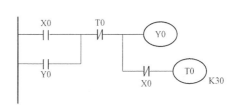

图 9-6　题 9-3（b）梯形图

梯形图如图 9-7 所示。

【9-4】试编制能实现瞬时接通、延时 3s 断开的电路的梯形图和指令语句表，并画出动作时序图。

解　根据题意，本题解析如下：

梯形图如图 9-8 所示。

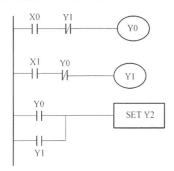

图 9-7　题 9-3（c）梯形图　　　　　　图 9-8　题 9-4 梯形图

语句表：LD　　X0

　　　　OR　　Y0

　　　　ANI　　T0

　　　　OUT　Y0

　　　　ANI　　X0

　　　　OUT　T0　K30

　　　　END

【9-5】有两台三相笼型电动机 M1 和 M2，现要求：①M1 先启动，经过 5s 后 M2 启动；②M2 启动后，M1 立即停车。

试用 PLC 实现上述控制要求，画出梯形图，并写出指令语句表。

解　根据题意，本题解析如下：

梯形图如图 9-9 所示。

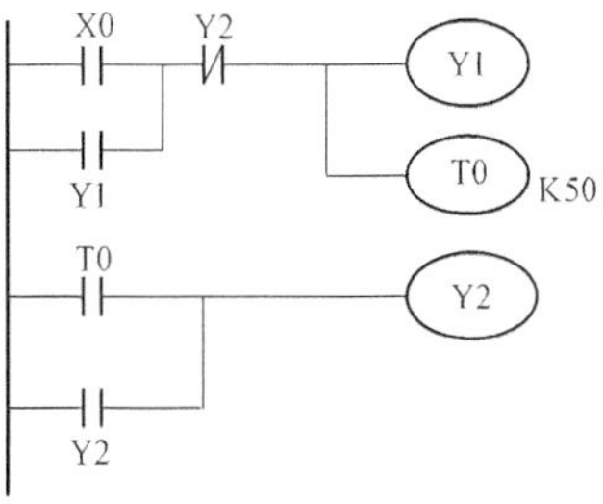

图 9-9　题 9-5 梯形图

语句表：LD　　X0

　　　　OR　　Y1

　　　　ANI　　Y2

　　　　OUT　　Y1

　　　　OUT　　T0　　K50

　　　　LD　　T0

　　　　OR　　Y2

　　　　OUT　　Y2

　　　　END

【9-6】根据图9-10所示时序图写出梯形图指令语句表。

解　根据题意，本题解析如下：

梯形图如图9-11所示。

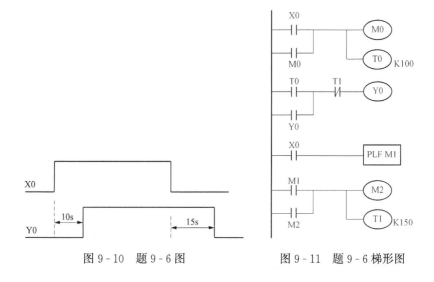

图9-10　题9-6图　　　　　　　图9-11　题9-6梯形图

语句表：LD　　X0

　　　　OR　　M0

　　　　OUT　　M0

　　　　OUT　　T0　　K100

　　　　LD　　T0

　　　　OR　　Y0

　　　　ANI　　T1

　　　　OUT　　Y0

　　　　LD　　X0

　　　　PLF　　M1

　　　　LD　　M1

　　　　OR　　M2

　　　　OUT　　M2

OUT T1 K150

END

【9-7】一台电动机，要求在三个不同地方可控制该电动机的启动和停车。试设计其梯形图并写出相应的指令程序。

解 根据题意，本题解析如下：

梯形图如图 9-12 所示。

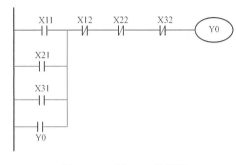

语句表：

LD	X11
OR	X21
OR	X31
OR	Y0
ANI	X12
ANI	X22
ANI	X32
OUT	Y0
END	

图 9-12 题 9-7 梯形图

【9-8】试设计图 9-13 所示的 PLC 检测控制系统。控制要求：运行过程中，若传送带上 15s 无物料通过则报警，报警时间延续 30s 后传送带停止，通过检测器检测物料有无情况。

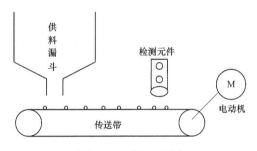

图 9-13 题 9-8 图

解 根据题意，本题解析如下：

I/O 分配表见表 9-1。

表 9-1   I/O 分配表

输入	元件号	输出	元件号
启动按钮	X0	电动机 M	Y1
检测元件	X1	报警灯	Y2

梯形图如图 9-14 所示。

语句表：

LD	X0
OR	X1
OR	Y1
ANI	T1

OUT   Y1

LD   X1

PLF   M0

LD   M0

OR   M1

OUT   M1

OUT   T0   K300

LD   T0

OR   Y2

OUT   Y2

OUT   T1   K300

END

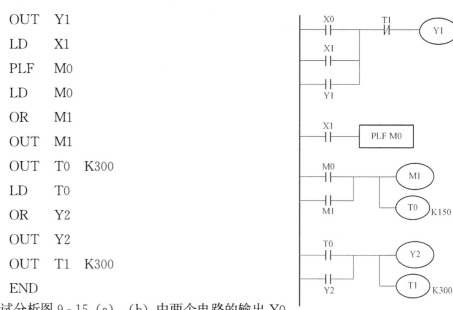

图 9-14 题 9-8 梯形图

【9-9】试分析图 9-15（a）、（b）中两个电路的输出 Y0 的动作特点，画出两个电路输出 Y0 的时序图，并分别写出指令语句表。

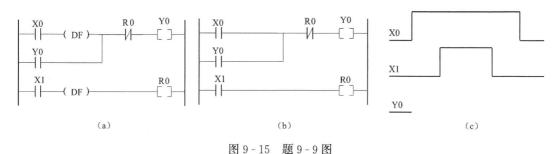

图 9-15 题 9-9 图

解 根据题意，本题解析如下：

图 9-15（a）的梯形图、时序图，分别如图 9-16（a）、（b）所示。

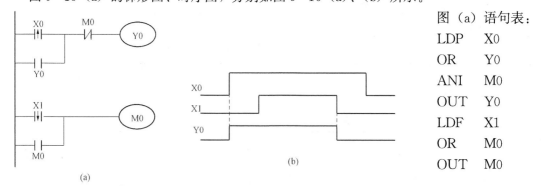

图（a）语句表：

LDP   X0

OR   Y0

ANI   M0

OUT   Y0

LDF   X1

OR   M0

OUT   M0

图 9-16 图 9-15（a）所示电路梯形图和时序图
(a) 梯形图；(b) 时序图

图 9-15（b）的梯形图、时序图，分别如图 9-17（a）、（b）所示。

图（b）语句表：

LD　X0
OR　Y0
ANI　M0
OUT　Y0
LD　X1
OR　M0
OUT　M0

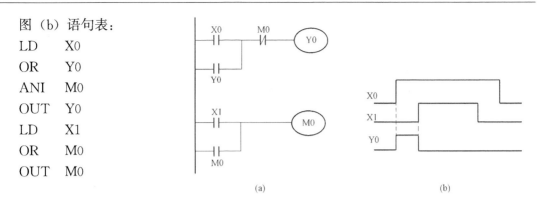

图 9-17　图 9-15（b）所示电路的梯形图和时序图
（a）梯形图；（b）时序图

【9-10】有三台笼型电动机 M1、M2、M3，按一定顺序启动和运行。控制要求如下：

（1）M1 启动 1min 后 M2 启动；
（2）M2 启动 2min 后 M3 启动；
（3）M3 启动 3min 后 M1 停车；
（4）M1 停车 30s 后 M2、M3 立即停车；
（5）装备有启动按钮和总停车按钮。
试编制 PLC 实现控制要求的梯形图。

解　根据题意，本题解析如下：

I/O 分配表见表 9-2。

表 9-2　　　　　　　　　　　　　I/O 分配表

输入	功能说明	元件号	输出	功能说明	元件号
SB1	启动按钮	X0	M1	第一台电动机	Y1
SB2	总停按钮	X1	M2	第二台电动机	Y2
—	—	—	M3	第三台电动机	Y3

梯形图如图 9-18 所示。

语句表：

LD　　X0
OR　　Y1
ANI　　T2
OUT　　Y1
OUT　　T0　K600
LD　　T0
OR　　Y2
ANI　　T3
OUT　　Y2

```
OUT    T1    K1200
LD     T1
OR     Y3
ANI    T3
OUT    Y3
OUT    T2    K1800
LD     Y1
PLF    M0
LD     M0
OR     M1
ANI    T3
OUT    M1
OUT    T3    K300
END
```

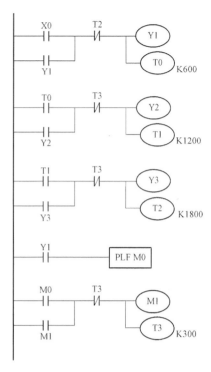

图 9 - 18　题 9 - 10 梯形图

第 10 章　二 极 管 和 三 极 管

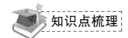

知识点梳理

一、半导体基本知识

自然界物质根据导电特性的不同可分为三大类：一类是导体，其电阻率低于 $10^{-5}\,\Omega\cdot m$，例如，金属一般都是导体；一类是绝缘体，其电阻率高于 $10^{8}\,\Omega\cdot m$，如陶瓷、玻璃、橡胶、塑料等；还有一类物质称为半导体，导电能力介于导体和绝缘体之间，其电阻率为 $10^{-5}\sim 10^{8}\,\Omega\cdot m$，如硅、锗、硒以及大多数金属氧化物和硫化物等。半导体具有热敏性、光敏性等性质，根据此类性质可以制作光敏器件、热敏器件等。

本征半导体是指纯净的、具有完整晶体结构的半导体。一般情况下，本征半导体的载流子浓度很低，导电能力很弱。如果在本征半导体中掺入微量的杂质元素，这将形成杂质半导体。杂质半导体的导电能力比本征半导体大大增强。例如，掺入杂质为五价元素（如磷 P），形成 N 型杂质半导体；掺入杂质为三价元素（如硼 B），形成 P 型杂质半导体。不论本征半导体还是杂质半导体，均有自由电子、空穴两种载流子。但是 N 型半导体自由电子浓度比空穴浓度高得多，称为多子，空穴称为少子。P 型杂质半导体空穴浓度比自由电子浓度高得多，称为多子，自由电子称为少子。但是杂质半导体本身呈电中性。

二、半导体 PN 结及导电特性

当 P 型半导体和 N 型半导体结合在一起时，由于两种杂质半导体的交界面处两边自由电子或空穴的浓度差悬殊，致使自由电子和空穴从浓度高的区域向浓度低的区域扩散。随着扩散进一步进行，内电场增强，扩散逐渐减弱。但在内电场作用下少子漂移运动逐渐增强，最终多子扩散与少子漂移达到动态平衡。扩散与漂移运动的结果是在两种杂质半导体交界面的两侧形成了一个空间电荷区（也称耗尽层），这个空间电荷区称为 PN 结。PN 结具有单向导电性。当 PN 结加正向电压，即 PN 结的 P 侧接外电源正极，N 侧接外电源负极。PN 结外加正向电压产生的电场与内电场相反，内电场被削弱，PN 结变窄，多数载流子的扩散运动增强，形成了较大的扩散电流，这种状态称为 PN 结的导通状态，所形成的电流称为正向电流。当 PN 结加反向电压，即 PN 结的 P 侧接外电源负极，N 侧接外电源正极。PN 结外加反向电压产生的电场与内电场相同，内电场增强，整个 PN 结变宽，阻碍多数载流子的扩散运动，致使 PN 结上流经电流很微弱。对于这种状态称为 PN 结截止状态。

三、半导体器件

二极管就是一个 PN 结的封装，引出两根电极构成的。二极管的伏安特性与 PN 结的伏安特性类似。一般硅二极管导通电压为 0.6～0.7V，锗二极管导通电压为 0.2～0.3V。二极管加反向电压时，反向电流很小。稳压二极管是一种特殊工艺制成的面接触型二极管，其正向特性与普通二极管类似。当稳压二极管反向击穿时，其两端电压基本保持一个稳定值，即稳压。双极型晶体管又称三极管，通常称为晶体管。三极管有三片掺杂区，即发射区、基区、集电区，并从三个区分别引出三个电极，分别为发射极、基极、集电极。三极管有三个工作状态，分别为截止状态、饱和状态和放大状态，三极管具有电流放大作用和开关作用。晶体管的发明促进了现代电子技术的飞速发展。

本章核心知识点导读如图 10-1 所示。

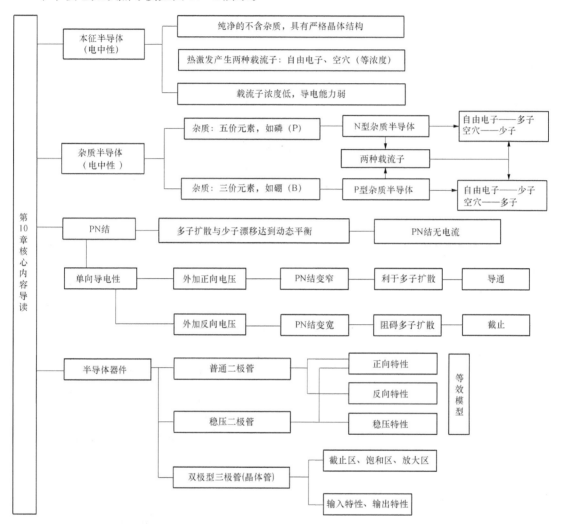

图 10-1　第 10 章核心内容导读图

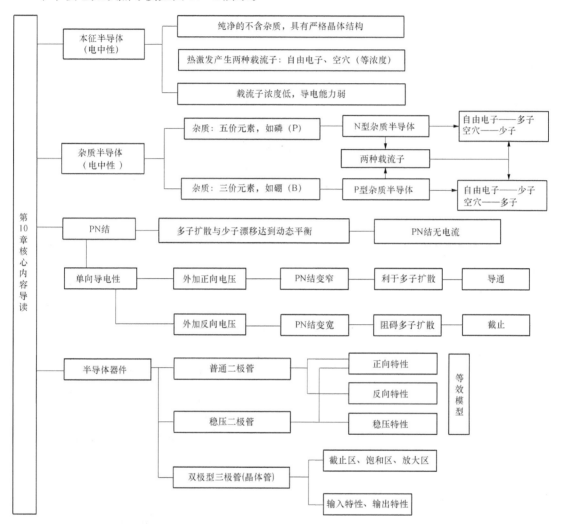习题详解

【10-1】N 型半导体中的自由电子多于空穴，而 P 型半导体中的空穴多于自由电子，是否 N 型半导体带负电，而 P 型半导体带正电？

解　根据杂质半导体的结构和特点，本题解析如下：

N 型半导体，由于掺入五价杂质元素的原因，致使其自由电子多于空穴，而 P 型半导体中由于掺入三价杂质元素的原因，致使其的空穴多于自由电子，但两种杂质半导体均不带电。

【10-2】什么叫扩散运动？什么叫漂移运动？PN 结正向电流和反向电流是何种运动的

结果?

解 根据 PN 结形成原理,本题分析如下:

本征半导体一边掺入五价磷杂质形成 N 型杂质半导体,一边掺入三价硼杂质,形成 P 型杂质半导体。在两种杂质半导体的交界面由于同种类型的载流子浓度相差悬殊。N 型杂质半导体中的多子(自由电子)比 P 型杂质半导体中的少子(自由电子)浓度高得多;P 型杂质半导体中的多子(空穴)比 N 型杂质半导体中的少子(空穴)浓度高得多;由于存在浓度差,交界面两边的载流子向浓度低处进行扩散,扩散形成扩散电流。扩散开始时,由于浓度差最大,扩散最剧烈,随着扩散的进行,扩散逐渐减弱。在扩散的同时,在两种杂质半导体交界面会形成内电场,随着扩散的进行内电场逐渐增强。内电场对多子的扩散起到阻碍的作用,但对少子的漂移运动起到促进作用。少子漂移运动,形成的电流称为漂移电流。随着多子扩散运动的减弱,少子漂移运动的加强,最终多子扩散运动和少子漂移运动达到动态平衡。达到动态平衡时,内电场维持稳定状态,两种杂质半导体的交界面两边形成的空间电荷区,称为 PN 结。由于扩散电流与漂移电流方向相反,当运动达到动态平衡,扩散电流与漂移电流大小相等,方向相反,PN 结中没有电流。

【10 - 3】 稳压二极管稳压条件是什么? 稳压二极管为什么能稳压?

解 根据稳压二极管的结构特性,以及稳压机理,本题分析如下:

稳压二极管是由一种特殊工艺制成的面接触型二极管,当它工作在反向击穿状态时,反向电压基本保持稳定。正常稳压工作时,由于制造工艺保证 PN 结不会热击穿,所以在断开电源后管子能恢复原来的状态。在电路中与适当电阻配合能起到稳定电压的作用。由于它有稳定电压的作用,所以经常应用在稳压设备和一些电子电路中。

【10 - 4】 三极管有哪两种类型,其特点是什么? 三极管实现电流放大作用的条件是什么?

解 根据三极管结构与特性,本题分析如下:

根据 PN 结组合的方式,三极管类型可分为两种,即 NPN 型和 PNP 型。下面以 NPN 型三极管为例,说明其特点。NPN 型三极管是在硅(或锗)晶体上制成两个 N 区和一个 P 区,中间的 P 区很薄(几微米至十几微米)且掺杂很少,称为基区。两个 N 区中的一个掺杂浓度高,称为发射区,另一个 N 区掺杂较少并与基区形成的 PN 结面积大,称为集电区。由这三个区引出的电极分别称为基极 B、发射极 E 和集电极 C。发射极与基区之间形成的 PN 结称为发射结,集电区与基区间的 PN 结为集电结。PNP 型三极管是在硅(或锗)晶体上制成两个 P 区和一个 N 区,掺杂特点及结构特点与 NPN 型三极管一样。

三极管实现电流放大作用,具体机理是这样的。当发射结正向导通时,发射区发射的电子大部分越过基区流向集电极,仅有一小部分流向基极。晶体管的三个电极分别出现了三个电流 I_E、I_B、I_C,三者的关系为 $I_E = I_B + I_C$。若调节基极电阻 R_B 使基极电流 I_B 增加,则集电极电流会按照比例更大幅度地增加。这是因为在制作晶体管时把管子的基区做得很薄,减小了基极电阻,使发射结的正向偏置电压加大。发射区扩散的多数载流子增加,通过基区时和空穴复合的数量稍有增加,但更多的多数载流子通过基区达到集电区,即基极电流一个小的变化将引起集电极电流一个很大的变比,这种特性称为晶体管电流放大作用。

【10 - 5】 测得放大状态晶体管的电流如下:$I_C = 5.202\text{mA}$,$I_B = 50\mu A$。试计算 I_E 和 β。

解 根据晶体管结构与特性，本题分析如下：

$$I_E = I_C + I_B \Longrightarrow I_E = 5.202 + 0.050 = 5.252(\text{mA})$$

$$I_C = \beta I_B \Longrightarrow \beta = \frac{I_C}{I_B} = \frac{5.202}{0.05} = 104$$

【10-6】在图 10-2 中，u_i 是输入电压的波形，试画出对应于 u_i 的输出电压 u_o、电阻 R 上的电压 u_R 和二极管 VD 两端的电压 u_D 的波形。二极管的正向压降可忽略不计。

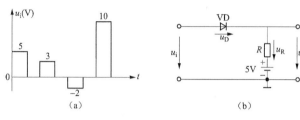

图 10-2 题 10-6 图

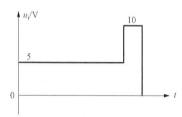

图 10-3 题 10-6 解析图

解 根据二极管结构与特性，当输入电压大于 5V 时，二极管导通，输出电压等于输入电压。当输入电压小于 5V 时，二极管截止，输出电压等于 5V。本题分析如图 10-3 所示。

【10-7】二极管电路如图 10-4 所示，图中二极管均为硅管。判断图中的二极管是导通还是截止，并求出输出端电压 U_o 是多少？

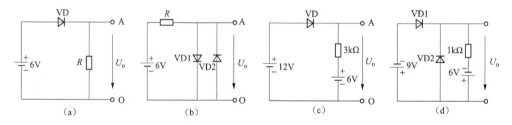

图 10-4 题 10-7 图

解 图 10-4（a）中，二极管导通，输出电压 5.3V。图 10-4（b）中 VD1 导通，VD2 截止，输出电压为 0.7V。图 10-4（c）中，二极管导通，输出电压 11.3V。图 10-4（d）中，VD1 截止，VD2 导通，输出电压为 -0.7V。

【10-8】在图 10-5 中，$u_i = 10\sin\omega t$，$E = 5\text{V}$，试分别画出输出电压 u_o 的波形。二极管的正向压降可忽略不计。

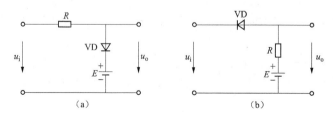

图 10-5 题 10-8 图

解　对于图 10 - 5 （a）电路：当 $u_i \geqslant 5V$ 二极管导通，输出 $u_o = 5V$。当 $u_i < 5V$ 二极管截止，输出 $u_o = u_i$。对于图 10 - 5 （b）电路：当 $u_i > 5V$ 二极管截止，输出 $u_o = 5V$。当 $u_i \leqslant 5V$ 二极管导通，输出 $u_o = u_i$。具体输出电压波形如图 10 - 6 所示。

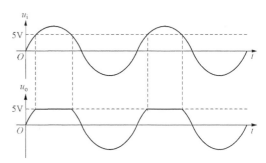

图 10 - 6　题 10 - 8 电路输出电压波形

【10 - 9】电路如图 10 - 7 所示，试求在下列的三种情况下，输出端 F 的电位 V_F 及各元件中通过的电流：① $V_A = +10V$，$V_B = 0V$；② $V_A = +6V$，$V_B = +5.8V$；③ $V_A = V_B = +5V$。设二极管的正向电阻为零，反向电阻为无穷大。

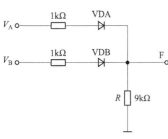

图 10 - 7　题 10 - 9 图

解　（1）当 $V_A = +10V$，$V_B = 0V$，VDA 导通，VDB 截止，$V_F = \dfrac{10}{1+9} \times 9 = 9V$。二极管 VDA 支路的电流 $\dfrac{10}{10} = 1mA$。二极管 VDB 支路的电流为 0。

（2）当 $V_A = +6V$，$V_B = 5.8V$，VDA 导通，VDB 导通，设 I_A、I_B 分别为二极管 VDA、VDB 支路电流，有

$$\begin{cases} 6 = I_A + 9(I_A + I_B) \\ 5.8 = I_B + 9(I_A + I_B) \end{cases}$$

解得　　　　　　　　$I_A = 0.41mA$，$I_B = 0.21mA$

故　　　　　$V_F = R(I_A + I_B) = 9 \times (0.41 + 0.21) = 5.58$（V）

（3）当 $V_A = +5V$，$V_B = +5V$，VDA 导通，VDB 导通，设 I_A、I_B 分别为二极管 VDA、VDB 支路电流，有

$$\begin{cases} 5 = I_A + 9(I_A + I_B) \\ 5 = I_B + 9(I_A + I_B) \end{cases}$$

解得　　　　　　　　$I_A = 0.263mA$，$I_B = 0.263mA$

故　　　　　$V_F = R(I_A + I_B) = 9 \times (0.263 + 0.263) = 4.73$（V）

【10 - 10】特性完全相同的稳压二极管 2CW15，$U_S = 8.2V$，接成如图 10 - 8 所示的电路，试求各电路输出电压 U_o 是多少？

解　（a）VS1 反向击穿，其两端稳定在 8.2V 上，而 VS2 正向导通，其两端电压为 0.7V，故输出电压 $u_o = 8.2 + 0.7 = 8.9$（V）；

（b）VS1、VS2 皆被反向击穿，均为稳压状态，即 $u_o = 8.2 + 8.2 = 16.4$（V）；

（c）VS2 正向导通，其两端电压为 0.7V，不能使 VS2 反击击穿，故输出电压 $u_o = 0.7V$；

（d）VS1、VS2 被反问击穿，处于稳压状态，故输出电压 $u_o = 8.2V$。

【10 - 11】电路如图 10 - 9 所示，已知稳

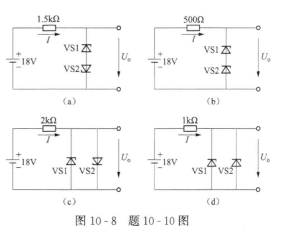

图 10 - 8　题 10 - 10 图

压管的稳压值 $U_S=10$V，稳定电流的最大值 $I_{Smax}=23$mA。试问稳压管的电流是否超过 I_{Smam}？若超过了怎么办？

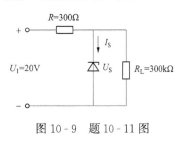

图 10 - 9　题 10 - 11 图

解　假设稳压二极管截止，稳压二极管分得电压为

$$U = \frac{20}{0.3+300} \times 300 = 19.98(\text{V})$$

U 为反向电压，且大于稳压二极管的反向击穿电压 10V，稳压管稳压。此时稳压管电流为

$$I = \frac{20-10}{0.3} - \frac{10}{300} = 33.333 - 0.033 = 33.3(\text{mA})$$

此电流大于 $I_{Smax}=23$mA，所以限流电阻选择的不合适。应增大限流电阻 R，其取值应满足

$$\frac{20-10}{R} - \frac{10}{300} \leqslant 23$$

解得

$$R \geqslant 0.435\text{k}\Omega$$

【10 - 12】在如图 10 - 10 所示的各个电路中，试问三极管工作于何种状态？

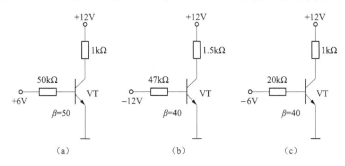

图 10 - 10　题 10 - 12 图

解　根据三极管结构与特性，本题分析如下：

对于图 10 - 10（a）所示电路：

假设发射结截止，则 $U_{BE}=6$V>0.7V，说明发射结导通。取 $U_{BE}=0.7$V，有

$$I_B = \frac{6-0.7}{50} = \frac{5.3}{50} = 0.106(\text{mA})$$

再假设三极管处于放大区，则有

$$I_C = \beta I_B = 50 \times 0.106 = 5.3\text{mA}, \ U_{CE} = 12 - 1 \times I_C = 12 - 1 \times 5.3 = 6.7\text{V}$$

说明集电极反向偏置。综上判断，三极管处于放大状态。

对于图 10 - 10（b）所示电路：

假设发射结截止，则 $U_{BE}=12$V>0.7V，说明发射结导通。取 $U_{BE}=0.7$V，有

$$I_B = \frac{12-0.7}{47} = \frac{11.3}{47} = 0.24(\text{mA})$$

再假设晶体管处于放大区，则有

$$I_C = \beta I_B = 40 \times 0.24 = 9.6(\text{mA}), U_{CE} = 12 - 1 \times I_C = 12 - 1.5 \times 9.6 = -2.4(\text{V})$$

说明集电极正向偏置，与假设其处于放大区不符。综上判断，晶体管处于饱和状态。

对于图 10 - 10（c）所示电路：

假设发射结截止，则 $U_{BE}=-6$V<0.7V，说明发射结截止，故三极管处于截止状态。

第 11 章 基 本 放 大 电 路

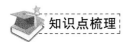 知识点梳理

一、基本放大电路的组成

构建三极管基本放大电路需要遵循几个原则。在无外加信号源，直流电源作用下放大电路有合适的静态工作点（即 Q 点）。当外加输入信号源，对于输入回路，输入电压的变化能引起基极电流变化。输出回路的输出要反映输入信号的变化，集电极电流要尽可能多地流到负载上去。

二、放大电路的静态分析

当三极管基本放大电路输入信号源置零，在直流电源作用时放大电路的工作状态称为静态。三极管基本放大电路的静态分析，主要是静态工作点的分析，即估算静态工作点四个参数（I_B、I_C、U_{BE}、U_{CE}）。通过静态工作点参数可以判断工作点设置是否合理，三极管是否处于放大状态，如何调整静态工作点等方面的问题。

三、放大电路的动态分析

当三极管基本放大电路直流电源置零，在输入信号源作用时的电路工作状态称为动态。对于三极管基本放大电路动态分析，可以分析放大电路的放大倍数以及信号被放大后是否失真等。动态分析通常采用图解法和微变等效电路法。图解法是用作图的方法，画出三极管各极电压、电流的变化波形，以确定放大倍数，同时还可以观察信号波形是否失真。微变等效法是将三极管基本放大电路转化为微变等效电路后通过分析计算三个动态参数 A_u、R_i、R_o。

本章核心内容的导读如图 11-1 所示。

习题详解

【11-1】基本放大电路的组成原则是什么？

解 基本三极管放大电路组成时必须遵循的几个原则：

（1）直流电源作用下，三极管处于放大状态，且有合适的静态工作点，失真不超过允许范围。

（2）由于基极电流 i_b 直接影响集电极电流 i_c，因此在接输入回路时，应当使输入电压变化产生电流 i_b 变化。对于输出回路的接法，应当使 i_c 尽可能多地流到负载上去，减少其他支路的分流作用。

【11-2】共射基本放大电路中，各个元件的作用是什么？

解 图 11-2 所示为 NPN 型三极管组成的共发射极的基本放大电路。输入端接交流信号源 u_s，输入电压为 u_i，输出端接负载电阻 R_L，输出电压为 u_o。

三极管 VT：VT 是放大电路的放大元件。利用它的电流放大作用，在集电极电路获得放大的电流，VT 受到输入信号的控制。

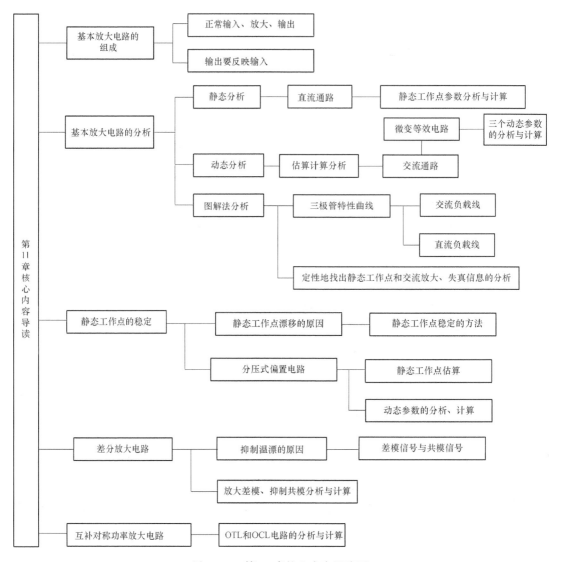

图 11-1 第 11 章核心内容导读图

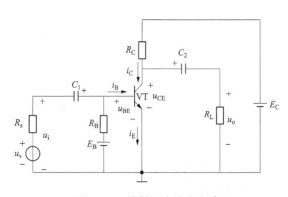

图 11-2 共射基本放大电路

集电极电源 E_C：除了为输出信号提供能量外，还保证集电结处于反向偏置，以使三极管起到放大作用。E_C 一般为几伏到几十伏。

基极偏置电阻 R_B：与 E_C 配合作用使发射结处于正向偏置，并提供大小合适的基极电流 I_B，以使放大电路获得合适的静态工作点。R_B 阻值一般为几十到几百千欧。

集电极负载电阻 R_C：它的主要作用是将已经放大的集电极电流的变化变换为电压的变化，以实现电压放大。R_C 阻值一般为几千欧到几十千欧。

耦合电容 C_1 和 C_2：它们分别接在放大电路的输入端和输出端。利用电容器直流阻抗很大、对交流的阻抗很小这一特性，一方面隔断放大电路的输入端与信号源、输出端与负载之间的直流通路，保证放大电路的静态工作点不因输出、输入的连接而发生变化；另一方面又要保证交流信号畅通。通常要求 C_1、C_2 上的交流压降小到可以忽略不计，即对交流信号可视作短路。电容值要求取值较大，对交流信号频率其容抗近似为零。耦合电容应采用极性电容器，一般取值为 $5\sim50\mu F$，在连接时一定要注意其极性。

【11 - 3】图 11 - 3（a）所示为单级三极管共射基本放大电路，若改变 R_C 和 V_{CC} 对放大电路的直流负载线有什么影响？三极管放大电路的偏置电流和工作状态有什么关系？

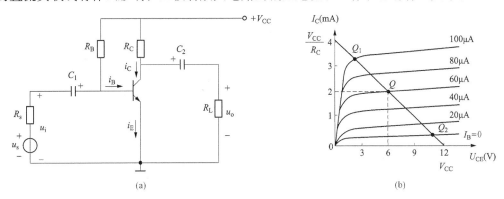

图 11 - 3　题 11 - 3 图
（a）共射基本放大电路；（b）直流负载线图解法

解 图解法是分析放大电路的基本方法，能直观地得到静态值的变化对放大电路工作的影响。图解法，就是利用两个电极间的线性伏安关系和非线性元件（晶体管）的特性曲线进行分析方法。

在图 11 - 3（a）所示电路中，三极管 C、E 两个电极间直流伏安特性曲线如图 11 - 3（b）所示，由图可得

$$U_{CE} = V_{CC} - I_C R_C$$

$$I_C = -\frac{1}{R} U_{CE} + \frac{V_{CC}}{R_C}$$

显然这是一个直线方程，其斜率为 $-\dfrac{1}{R_C}$，在横轴上的截距为 V_{CC}，在纵轴上的截距为 $\dfrac{V_{CC}}{R_C}$。连接此两点为一直线，因为它是由直流电源作用下得出 U_{CE} 与 I_C 约束关系，所以称为直流负载线，其与集电极负载电阻 R_C、电源 V_{CC} 有关。直流负载线与晶体管输出特性曲线 (I_{BQ}) 的交点为 Q 点。当负载电阻 R_C 变化时，负载线的斜率发生变化，导致 Q 点的变化。当电源 V_{CC} 发生改变，将使负载线发生平移。

【11 - 4】针对图 11 - 3（a）所示电路，试说明：

（1）静态工作及动态工作；

（2）直流通路和交流通路；

（3）电压和电流的直流分量、交流分量。

解　（1）对放大电路的分析可以从静态和动态两个方面来分析。当放大电路输入信号源置零，直流电源作用时的工作状态称为静态；动态则是将直流电源置零，输入信号源作用时的工作状态。静态分析是要确定放大电路的静态 Q 点值（I_B、I_C、U_{BE}、U_{CE}）。动态分析通常采用图解法和微变等效电路法。图解法是用作图的方法，画出晶体管各极电压、电流的变化波形，以定性分析放大电路特点，同时还可以观察信号波形是否失真。微变等效电路法是用估算的方法来求解电路的动态参数 A_u、R_i、R_o。

（2）图 11-3（a）共射基本放大电路的直流通路和交流通路，如图 11-4 所示。

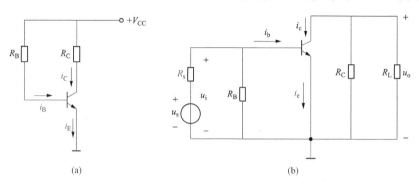

(a)　　　　　　　　　　　　　　　(b)

图 11-4　直流通路与交流通路

(a) 直流通路；(b) 交流通路

（3）电压和电流的直流分量、交流分量。

直流通路中的电压、电流均为直流分量。交流通路中的电压、电流均为交流分量。具体说明见表 11-1。

表 11-1　　　　　　　　　　　放大电路中电压和电流的符号

参数名称	静态值	动态值	
		交流瞬时值	交直流叠加的瞬时值
基极电流	I_B	i_b	i_B
集电极电流	I_C	i_c	i_C
发射极电流	I_E	i_e	i_E
集—射极电压	U_{CE}	u_{ce}	u_{CE}
基—射极电压	U_{BE}	u_{be}	u_{BE}

【11-5】为什么要设置静态工作点？什么是饱和失真？什么是截止失真？

解　（1）放大电路设置静态工作点的目的就是要保证在被放大的交流信号加入电路时，不论其正半周还是负半周都能满足发射结正向偏置，集电结反向偏置的三极管放大状态。若静态工作点设置的不合适，在加入输入交流信号放大时，输出可能会出现饱和失真（静态工作点偏高）或截止失真（静态工作点偏低）。

（2）放大电路的性能要求信号失真要尽量小。引起失真的原因有多种，其中最基本的一个，就是静态工作点的位置不合适。图 11-3（b）中，Q 的位置设置太低，如 Q_2 点处，在 i_c 的负半周造成晶体管发射结处于反向偏置而进入截止区，使 i_c 的负半周和 u_{ce} 的正半周几乎等于零，形成放大电路的截止失真。若静态工作点太高，如 Q_1 点处，则会因工作点选择过

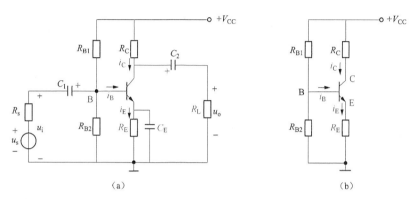

高，而导致放大电路在 i_b 的正半周，就进入饱和区，使 i_c 的正半周电流不随 i_b 而变化，形成放大电路的饱和失真。

【11-6】对如图 11-5（a）所示分压式偏置电路而言，为什么要满足 $I_2 \gg I_B$ 和 $U_B \gg U_{BE}$ 两个条件，静态工作点才能得以基本稳定？当更换晶体管时，对放大电路的静态值有无影响？试说明之。

解 图 11-5（a）所示的分压式偏置电路中，稳定静态工作点要满足 $I_2 \gg I_B$ 和 $U_B \gg U_{BE}$ 两个条件。若满足此情况，可估算晶体管基极电压 $U_B = \dfrac{R_{B2}}{R_{B1}+R_{B2}} V_{CC}$，保证基极电位 U_B 与温度无关。

图 11-5　分压式偏置放大电路
(a) 分压式偏置电路；(b) 直流电路

从静态工作点稳定的角度来看，似乎 I_2、U_B 越大越好。而 I_2 越大，R_{B1} 和 R_{B2} 必须取得较小，这会降低整个放大器的输入电阻，使输入信号分流过大造成损失。所以，R_{B1} 和 R_{B2} 不能太小，一般为几十千欧。

而 U_B 过高必然使 U_E 也增高，在 V_{CC} 一定时，势必使 U_{CE} 减小，从而减小放大电路输出电压的动态范围。对直流而言，R_E 越大，稳定静态工作点的效果越好。但 R_E 取得过大，将减小放大电路输出电压的幅值。对交流而言，R_E 越大，交流损耗就越大，为避免交流损耗，通常会与 R_E 并联一个旁路电容 C_E，其容量一般为几十微法或几百微法。在估算时一般选取 $I_2 =（5\sim10）I_B$，$V_B =（5\sim10）U_{BE}$。分压式偏置电路能稳定静态工作点的物理过程可表示如下：

$$T\uparrow \longrightarrow I_C\uparrow \longrightarrow V_E\uparrow \longrightarrow U_{BE}\downarrow$$
$$I_C\downarrow \longleftarrow I_B\downarrow \longleftarrow$$

【11-7】三极管放大电路如图 11-6（a）所示，已知 $V_{CC}=12V$，$R_C=3k\Omega$，$R_B=240k\Omega$，三极管的 $\beta=40$。试完成：

(1) 画出直流通路，并估算各静态值；

(2) 三极管的输出特性如图 11-6（b）所示，试用图解法作放大电路的静态工作点；

(3) 图 11-6（a）电路在静态时（$u_i=0$）C_1 和 C_2 上的电压各为多少？并标出极性。

解　(1) 画出直流通路，如图 11-7 所示。

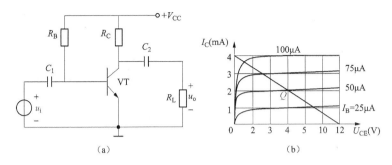

图 11 - 6　题 11 - 7 图

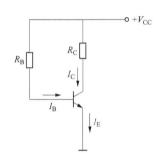

图 11 - 7　直流通路

静态工作点各值估算如下

$$U_{BE} = 0.7V$$

$$I_B = \frac{V_{CC} - U_{BE}}{R_B} = \frac{12 - 0.7}{240} \approx 0.05mA$$

$$I_C = \beta I_B = 40 \times 0.05 = 2mA$$

$$U_{CE} = V_{CC} - I_C R_C = 12 - 2 \times 3 = 6V$$

（2）直流负载线方程分析如下

$$u_{CE} = V_{CC} - R_C I_C$$

$$I_C = \frac{V_{CC}}{R_C} - \frac{1}{R_C} u_{CE}$$

$$= 4 - \frac{1}{3} u_{CE}$$

直流负载线方程见图 11 - 6（b）中所画直线。

（3）电容 C_1 静态电压为 0.7V，右边极性为"＋"。电容 C_2 静态电压为 6V，左边极性为"＋"。

【11 - 8】在题 11 - 7 中，如果改变 $U_{CE} = 3V$，试用直流通路求 R_B 的大小；如果改变 R_B，使 $I_C = 2mA$，R_B 应等于多少？用图解法求出静态工作点。

解　$u_{CE} = 3V$，根据直流负载线可得

$$u_{CE} = V_{CC} - R_C I_C = 12 - \frac{12 R_C \beta}{R_B} = 12 - \frac{12 \times 3 \times 40}{R_B} = 3(V)$$

则　　　　　　　　　　　　　　$R_B = 160 (k\Omega)$

静态工作点 Q 点，如图 11 - 6（b）中标识。

【11 - 9】试判断如图 11 - 8 所示中各个电路能不能放大交流信号？为什么？

解　根据三极管基本放大电路的组成原则，本题分析如下：

图 11 - 8（a）所示电路不能放大交流信号：三极管为 PNP 型，电源 V_{CC} 为正，电路没有合适静态工作点。

图 11 - 8（b）所示电路不能放大交流信号：由于三极管集电极直接连接直流电源，导致没有交流信号不能正常放大。

图 11 - 8（c）所示电路能放大交流信号：因为电路可能有合适的静态工作点，且输入信号能够正常加入，并引起 u_{be} 的变化，并且放大后的交流信号可以从发射极进行输出。

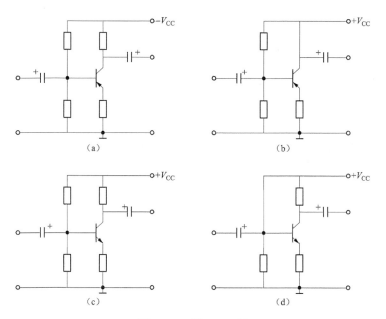

图 11-8 题 11-9 图

图 11-8 (d) 所示电路不能放大交流信号：三极管基极直接连接电源，输入信号不能使 u_{be} 的变化，因而不能放大输入信号。

【11-10】 图 11-9 (a) 所示的放大电路中，三极管的输出特性以及放大电路的交、直流负载线如图 11-8 (b) 所示。试完成：

(1) 求出 R_B、R_C、R_L 三电阻的阻值？

(2) 不产生失真的最大输入电压 U_{iM} 为多少？

(3) 如果不断加大输入电压的幅值，该电路首先出现何种性质的失真？调节电路中那个电阻能消除失真？

(4) 将 R_L 电阻调大，对交、直流负载线会产生什么影响？

(5) 若电路中其他参数不变，只将三极管换一个 β 值小一半的管子，此时 I_B、I_C、U_{CE} 及 $|A_u|$ 将如何变化？

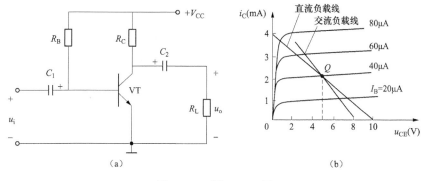

图 11-9 题 11-10 图

解 (1) 由直流通路和交流负载线可知：

直流负载线为 $\qquad u_{CE}=V_{CC}-R_C i_C$

当 $u_{CE}=0$ 时，$i_C=4mA$，即 $\dfrac{V_{CC}}{R_C}=4mA$；当 $i_C=0$ 时，$u_{CE}=10V$，即 $V_{CC}=10V$，故

$$R_C=\frac{10}{4}=2.5(k\Omega),\ \beta=\frac{i_C}{i_B}=\frac{2mA}{40\mu A}=50,\ R_B=\frac{V_{CC}}{I_B}=\frac{10V}{20\mu A}=500k\Omega$$

交流负载线为 $u_{CE}=V'_{CC}-(R_C//R_L)\ i_C$，其中，$V'_{CC}=\dfrac{R_C V_{CC}}{R_C+R_L}$。

由图中的交流负载线，当 $i_C=0$ 时，$u_{CE}=8V$，即 $V'_{CC}=8V$，故

$$V'_{CC}=\frac{R_L V_{CC}}{R_C+R_L}\Longrightarrow\frac{R_L\times 10}{2.5+R_L}=8\Longrightarrow R_L=10k\Omega$$

（2）假设不产生失真的最大输入电压为 U_{iM}。由图可以得到 $u_{CE}=5V$，$V'_{CC}=8V$，故

$$U_{OM}=V'_{CC}-U_{CE}=8-5=3(V)$$

$$r_{be}=300+(1+\beta)\frac{26mV}{I_E}=300+\beta\frac{26}{I_C}=300+50\times\frac{26}{2}=950(\Omega)$$

$$A_u=-\beta\frac{R_C//R_L}{r_{be}}=-50\times\frac{10//2.5}{0.95}=-105.3$$

$$U_{iM}=\frac{U_{OM}}{A_u}=\frac{3}{105.3}=28.5(mV)$$

（3）不断加大输入电压的幅值，该电路首先出现顶部失真。若要克服顶部失真，可以减少 R_B，提高 I_B，使静态 Q 向上移动。

（4）由直流负载线方程 $u_{CE}=V_{CC}-R_C i_C$ 可以看出，直流负载线与负载电阻 R_L 没有关系，所以当改变负载电阻对直流负载线没有影响。由交流负载线方程 $u_{CE}=V'_{CC}-(R_C//R_L)\ i_C$ 可以看出，当负载电阻 R_L 增大，交流负载线斜率变小，交流负载线变陡。

（5）若电路中其他参数不变，只将晶体管换一个 β 值小一半的管子，由于

$$I_B=\frac{V_{CC}}{R_B},\ I_C=\beta I_B,\ U_{CE}=V_{CC}-R_C I_C,\ A_U=-\beta\frac{R_C//R_L}{r_{be}}$$

所以，β 值小一半时，I_B 没有变化，I_C 变小，U_{CE} 变大，A_u 变小。

【11-11】在如图 11-10 所示分压式偏置放大电路中，已知 $V_{CC}=12V$，$R_{B1}=22k\Omega$，$R_{B2}=4.7k\Omega$，$R_E=1k\Omega$，$R_C=2.5k\Omega$，晶体管 $\beta=50$。试求：

（1）静态工作点各参数值；

（2）空载时的电压放大倍数；

（3）带 $4k\Omega$ 负载时的电压放倍数。

解 画出图 11-10 所示电路的直流通路，如图 11-11 所示。

（1）静态工作点 Q 相关参数如下：

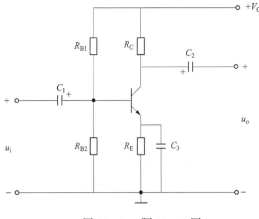

图 11-10 题 11-11 图

$$U_B=\frac{R_{B2}}{R_{B1}+R_{B2}}V_{CC}=\frac{4.7}{22+4.7}\times 12=2.1(V)$$

$$I_E = \frac{U_B - U_{BE}}{R_E} = \approx 1.4(\text{mA})$$

$$I_C \approx I_E = 1.4\text{mA} \Longrightarrow I_B = \frac{I_C}{\beta} = \frac{1.4}{50} = 0.028(\text{mA})$$

$$U_{CE} = V_{CC} - I_C(R_E + R_C) = 12 - 1.4 \times (1 + 2.5) = 7.1(\text{V})$$

$$r_{be} = 300 + (1 + \beta)\frac{26\text{mV}}{I_E}$$

$$\approx 300 + 50 \times \frac{26}{1.4} = 1.2(\text{k}\Omega)$$

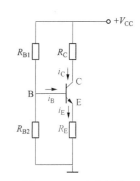

图 11 - 11　直流通路

（2）画出电路的交流通路和微变等效电路，如图 11 - 12 所示。

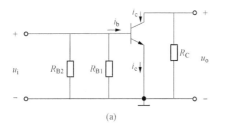
(a)

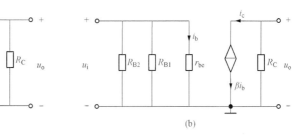
(b)

图 11 - 12　晶体管基本放大电路、交通通路与微变等效电路

（a）交流通路；（b）微变等效电路

$$A_u = -\frac{\beta R_C}{r_{be}} = -50 \times \frac{2.5}{1.2} = -104.2$$

$$R_i = R_{B1} // R_{B2} // r_{be} = 22 // 4.7 // 1.2 \approx 1(\text{k}\Omega)$$

$$R_O = R_C = 2.5(\text{k}\Omega)$$

（3）当负载 $R_L = 4\text{k}\Omega$ 时，$A_u = -\frac{\beta R_C // R_L}{r_{be}} = -\frac{50 \times 2.5 // 4}{1.2} = -64.1$

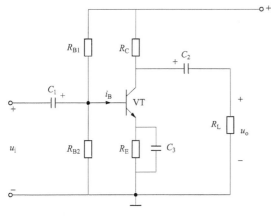

图 11 - 13　题 11 - 12 图

【11 - 12】在如图 11 - 13 所示分压式偏置的共发射极放大电路中，设 $R_{B1} = 47\text{k}\Omega$，$R_{B2} = 15\text{k}\Omega$，$R_C = 3\text{k}\Omega$，$R_E = 1.5\text{k}\Omega$，$R_L = 2\text{k}\Omega$，硅管的 $\beta = 50$，$r_{be} = 1.2\text{k}\Omega$，$V_{CC} = 12\text{V}$，试完成：

（1）估算放大电路静态工作点各参数值；

（2）画出放大电路的微变等效电路；

（3）求出放大电路的输入电阻和输出电阻；

（4）求出放大电路的电压放大倍数。

解（1）画出图 11 - 13 所示电路的直流通路，如图 11 - 14 所示。

静态工作点 Q 相关参数如下：

$$U_B = \frac{R_{B2}}{R_{B1} + R_{B2}}V_{CC} = \frac{15}{47 + 15} \times 12 = 2.9(\text{V})$$

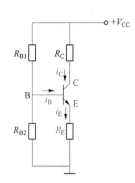

图 11 - 14　直流通路

$$I_E = \frac{U_B - U_{BE}}{R_E} = \frac{2.9 - 0.7}{1.5} \approx 1.5(mA)$$

$$I_C \approx I_E = 1.5mA \Longrightarrow I_B = \frac{I_C}{\beta} = \frac{1.5}{50} = 0.03(mA)$$

$$U_{CE} = V_{CC} - I_C(R_E + R_C) = 12 - 1.5 \times (1.5 + 5) = 2.25(V)$$

（2）画出电路的交流通路和微变等效电路，如图 11 - 15 所示。

（3）放大电路的输入电阻和输出电阻为

$$R_i = R_{B1}//R_{B2}//r_{be} = 47//15//1.2 \approx 1.1(k\Omega)$$

$$R_O = R_C = 3(k\Omega)$$

（4）电压放大倍数为

$$A_u = -\frac{\beta R_C//R_L}{r_{be}} = -50 \times \frac{3//2}{1.2} = -50$$

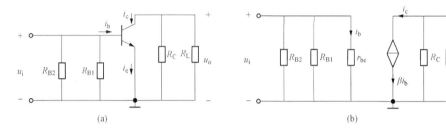

(a)　　　　　　　　　　　　(b)

图 11 - 15　晶体管基本放大电路、交流通路与微变等效电路

(a) 交流通路；(b) 微变等效电路

第 12 章　集成运算放大电路

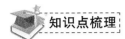

一、集成运算放大器的基本知识

集成运算放大器，简称"集成运放"，是具有高开环放大倍数的多级直接耦合放大电路，由输入级、中间级、输出级和偏置电路四部分构成。输入级，是集成运放的关键部分，一般由差动放大电路组成。它具有高输入电阻，能够有效地放大有用（差模）信号，抑制干扰（共模）信号的特点。中间级，一般由共射或共源基本放大电路构成，主要任务是提供足够大的电压放大倍数。输出级，一般采用共射极输出器或互补功率放大电路，以减小输出电阻，输出较大的功率推动负载。此外，输出级还有过载保护电路，以防输出端意外短路或负载电流过大而烧毁电路。偏置电路，为各级电路提供合适的偏置电流，确定各级静态工作点。

集成运算放大器在分析和计算时要用到其两个重要概念，即"虚短"和"虚断"。"虚断"，是指其两个输入端的电流可视为零，这是由于其输入电阻非常大导致的，其实两个输入端并没有真正断路。"虚短"，是指其两个输入端之间的电压几乎相等。"虚短"是集成运放引入深度负反馈的必然结果，只有集成运放工作于线性区时，集成运放才有"虚短"现象，离开上述前提条件，"虚短"现象不存在。

二、运算放大电路中的负反馈

反馈是指将放大电路（或某个系统）输出端的信号（电压或电流）的一部分或全部通过电路网络（即反馈电路）传回到输入端，并影响净输入量的变化。若传回的反馈信号削弱（减少）了放大电路的净输入信号或使输出信号朝相反方向变化，称为负反馈；反之，则称为正反馈。若反馈信号只含有直流分量，称为直流反馈。若反馈信号中只含有交流分量，称为交流反馈。对于交流负反馈电路，根据反馈电路与基本放大电路在输入端和输出端的连接方式的不同，负反馈组态可分为四种类型：串联电压负反馈、并联电压负反馈、串联电流负反馈和并联电流负反馈。

三、集成运算放大电路的信号运算

集成运算放大电路具有十分理想的特性，通过接入适当的反馈电路就可构成比例、加减、乘除、微分、积分等运算的运算电路。由于集成运放开环增益很高，所以它构成的基本运算电路均为深度负反馈电路，集成运放两输入端之间满足"虚短"和"虚断"，根据这两个特点较为容易对各种运算电路进行分析。教材中主要分析了同相比例运算、反相比例运算、求和运算、加减运算以及微积分运算。

本章核心内容导读如图 12 - 1 所示。

【12 - 1】什么是"虚短"？什么是"虚断"？

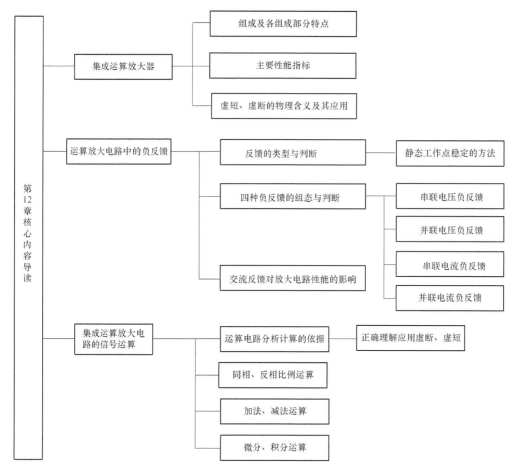

图 12-1　第 12 章核心内容导读图

解　一般情况下，在分析估算运放的应用电路中，将实际运放视为理想运放处理，它所引起的误差，在工程上是允许的。

"虚断"是指由于理想运放的差模输入电阻 $r_{id} \to \infty$，故可认为反相输入端和同相输入端的输入电流近似为零，即运放本身不取用电流。公式表示为

$$i_+ = i_- \approx 0$$

上式表明，流入运放的两个输入端的电流可视为 0，但不是真正的断路，故称为"虚断"。

"虚短"是指集成运放工作于线性区时，输入与输出满足下列关系

$$u_o = A_{od}(u_+ - u_-)$$

由于运放开环电压放大倍数 $A_{od} \to \infty$，而输出电压又是一个有限数值，所以存在反相输入端和同相输入端电位近似相等，即

$$u_+ - u_- \approx 0$$

上式表明，运放两个输入端之间的电压非常接近，但又不是短路，故称为"虚短"。

"虚短"是高增益的运放引入深度负反馈的必然结果，只有在闭环状态下，工作于线性区的运放才有"虚短"现象，离开上述前提条件，"虚短"现象不存在。

【12 - 2】交流负反馈有哪些类型？对放大电路的性能有些什么影响？

解 （1）交流负反馈的类型。

放大电路中有直流分量和交流分量，如果通过反馈电路为直流分量，称为直流反馈，若通过反馈电路为交流分量，称为交流反馈。

根据反馈信号与放大电路输入端连接方式的不同，可分为串联反馈和并联反馈。若反馈信号和输入信号以电压的形式叠加则为串联反馈，连接特点表现在二者连接到运放的不同输入端上。若两信号以电流形式叠加则为并联反馈，表现在二者连接到运放同一输入端上。

根据反馈信号从输出端取样电压还是电流，可分为电压反馈或电流反馈。若反馈信号取样输出端电压，并与之成正比，称为电压反馈；若反馈信号取样输出端电流，并与之成正比，称为电流反馈。

综上所述，根据负反馈电路与基本放大电路在输入端和输出端的连接方式不同，负反馈可分为四种类型：串联电压负反馈、并联电压负反馈、串联电流负反馈和并联电流负反馈。

（2）负反馈对放大电路性能的影响。

1）提高放大电路放大倍数的稳定性。

2）改善放大电路输出波形失真。

3）串联负反馈使输入电阻增大，并联负反馈使输入电阻减小。

4）电压负反馈使输出电阻减小，电流负反馈使输出电阻增大。

【12 - 3】分析如图 12 - 2 所示各电路中的反馈，试思考：

（1）反馈元件是什么？

（2）是正反馈还是负反馈？

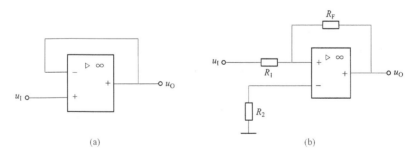

图 12 - 2 题 12 - 3 图

解 图 12 - 2（a）所示电路引入了交流负反馈，输出电压通过反馈线全部反馈到集成运放的反相输入端。

图 12 - 2（b）所示电路引入了正反馈，反馈元件为电阻 R_F。

【12 - 4】试判断如图 12 - 3 所示单级放大电路中引入了何种类型的交流反馈。

解 从输出端看，引入的是电压反馈。从输入端来看，引入的是串联负反馈，所以电路引入的是电压串联负反馈。

【12 - 5】试判断如图 12 - 4 所示单级放大电路中引入了何种类型的交流负反馈，并写出输出 u_O 与输入 u_I 之间的运算关系。

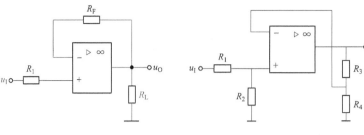

图 12-3 题 12-4 图   图 12-4 题 12-5 图

解 本题电路引入了电压串联负反馈。

根据虚短和虚断的概念，有

$$u_+ = \frac{R_2}{R_1 + R_2}u_I, \quad u_- = \frac{R_4}{R_3 + R_4}u_O$$

由于 $u_+ = u_-$，故

$$u_O = \frac{R_3 + R_4}{R_1 + R_2} \cdot \frac{R_2}{R_4}u_I$$

【12-6】试判断图 12-5 所示两级放大电路中引入了何种类型的交流反馈。

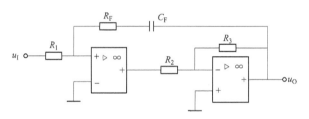

图 12-5 题 12-6 图

解 从输出端看，引入的是电压反馈；从输入端看，引入的是并联负反馈。所以，电路引入的是电压并联负反馈。

【12-7】在图 12-6 所示的同相比例运算电路中，已知 $R_1 = 2k\Omega$，$R_F = 10k\Omega$，$R_2 = 2k\Omega$，$R_3 = 18k\Omega$，$u_I = 1V$，试求 u_O。

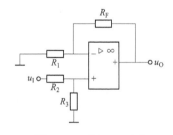

图 12-6 题 12-7 图

解 从输出端看，引入的是电压反馈；从输入端看，引入的是串联负反馈。所以，电路引入的是电压串联负反馈。

根据虚短和虚断的概念，可以得出

$$\begin{cases} u_+ = \dfrac{R_3 u_I}{R_2 + R_3} \\ u_- = \dfrac{R_1 u_O}{R_1 + R_F} \\ u_+ = u_- \end{cases}$$

则 $u_O = \dfrac{R_1 + R_F}{R_2 + R_3} \cdot \dfrac{R_1}{R_3}u_I = \dfrac{2+10}{2+18} \times \dfrac{2}{18}u_I = \dfrac{1}{15}u_I$

【12-8】在图 12-7 所示的运算放大电路中，已知 $R_1 = R_2 = R_3 = 1/2R_F$，请完成：

(1) $u_{I1} = 2V$，$u_{I2} = 3V$，$u_{I3} = 0$，计算 $u_O = ?$

(2) $u_{I1} = 2V$，$u_{I2} = -4V$，$u_O = +3V$，计算 $u_{I3} = ?$

解 根据虚短和虚断的概念，输出与输入的运算关系可以表示为

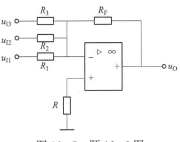

$$u_O = -R_F\left(\frac{u_{I1}}{R_1} + \frac{u_{I2}}{R_2} + \frac{u_{I3}}{R_3}\right) = -2(u_{I1} + u_{I2} + u_{I3})$$

（1）当 $u_{I1} = 2V$，$u_{I2} = 3V$，$u_{I3} = 0$ 时，有

$$u_O = -2(u_{I1} + u_{I2} + u_{I3}) = -2 \times (2 + 3 + 0) = -10(V)$$

（2）当 $u_{I1} = 2V$，$u_{I2} = -4V$，$u_O = +3V$ 时

$$u_O = -2(u_{I1} + u_{I2} + u_{I3}) \Longrightarrow 3$$
$$= -2 \times (2 - 4 + u_{I3}) \Longrightarrow u_{I3} = 0.5(V)$$

图 12-7 题 12-8 图

【12-9】如图 12-8 所示电路，试写出 u_O 与 u_I 的关系。

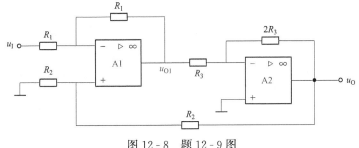

图 12-8 题 12-9 图

解 根据虚短和虚断的概念，输出与输入的运算关系可以表示为

对于集成运放 A1 有

$$\begin{cases} u_+ = \dfrac{R_2}{R_2 + R_2}u_O = \dfrac{1}{2}u_O \\[2mm] \dfrac{u_- - u_I}{R_1} = \dfrac{u_{O1} - u_-}{R_1} \qquad \Longrightarrow u_{O1} = u_O - u_I \\[2mm] u_+ = u_- \end{cases}$$

对于集成运放 A2 有

$$\frac{u_{O1}}{R_3} = -\frac{0 - u_O}{2R_3} \Longrightarrow u_O = 2u_{O1}$$

所以

$$u_O = \frac{2}{3}u_I$$

【12-10】求如图 12-9 所示电路中 u_O 与 u_I 的关系。

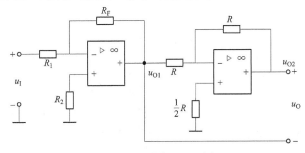

图 12-9 题 12-10 图

解　根据虚短和虚断的概念，输出与输入的运算关系可以表示为

$$\begin{cases} \dfrac{u_I}{R_1} = \dfrac{-u_{O1}}{R_F} \Longrightarrow u_{O1} = -\dfrac{R_F}{R_1}u_I \\[3mm] \dfrac{u_{O1}}{R} = \dfrac{0-u_{O2}}{R} \Longrightarrow u_{O2} = -u_{O1} \end{cases}$$

经整理，可得

$$u_O = u_{O2} - u_{O1} = -2u_{O1} = 2\dfrac{R_F}{R_1}u_I$$

【12-11】在图 12-10 所示的电路中，电源电压为±15V，$u_{I1}=1.1V$，$u_{I2}=1V$。试求接入输入电压后，输出电压 u_O 由 0 上升到 10V 所需的时间。

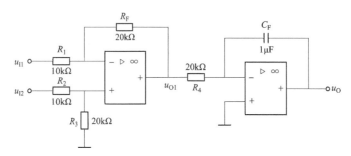

图 12-10　题 12-11 图

解　根据虚短和虚断的概念，可以输出与输入的运算关系。对于第一个集成运放，根据虚断、虚短概念，有

$$\begin{cases} u_+ = \dfrac{R_3}{R_2+R_3}u_{I2} = \dfrac{20}{10+20}u_{I2} = \dfrac{2}{3}u_{I2} \\[3mm] \dfrac{u_{I1}-u_-}{R_1} = \dfrac{u_--u_{O1}}{R_F} \Longrightarrow \dfrac{u_{I1}-u_-}{10} = \dfrac{u_--u_{O1}}{20} \Longrightarrow u_{O1} = 3u_- - 2u_{I1} \end{cases}$$

由于 $u_+ = u_-$，整理可得

$$u_{O1} = 2(u_{I2} - u_{I1})$$

对于第二个集成运放，为积分运算电路，其运算关系为

$$u_O = -\dfrac{1}{C}\int_0^t \dfrac{u_{O1}}{R_4}dt = -\dfrac{1}{1\times10^{-6}\times20\times10^3}\int_0^t u_{O1}dt = -50\int_0^t u_{O1}dt$$

整理得

$$u_O = 100\int_0^t (u_{I1} - u_{I2})dt$$

当 $u_{I1}=1.1V$，$u_{I2}=1V$ 时

$$u_O = 100\int_0^t (u_{I1} - u_{I2})dt = 100\int_0^t 0.1dt = 10t$$

当 $u_O=10V$ 时，即

$$10t = 10 \Longrightarrow t = 1(s)$$

【12-12】按下列各运算关系式画出运算电路，并计算各电阻的阻值，括号中的反馈电阻 R_F 和电容 C_F 是已知值，根据需求设计其他所需元件的参数。

(1) $u_O = -3u_I$（$R_F=60k\Omega$）；　　　　　(2) $u_O = 2(u_{I1}-u_{I2})$（$R_F=120k\Omega$）；

(3) $u_O = 5u_I$ （$R_F = 40\text{k}\Omega$）；　　　　(4) $u_O = 0.5u_I$ （$R_F = 30\text{k}\Omega$）；

(5) $u_O = 2u_{I2} - u_{I1}$ （$R_F = 30\text{k}\Omega$）；　　(6) $u_O = -3$ （$u_{I1} + 0.2u_{I2}$） （$R_F = 120\text{k}\Omega$）；

(7) $u_O = -200\displaystyle\int u_I \, dt$ （$C_F = 0.1\mu\text{F}$）　　(8) $u_O = -10\displaystyle\int u_{I1} \, dt - 5\displaystyle\int u_{I2} \, dt$ （$C_F = 1\mu\text{F}$）

解　根据虚短和虚断的概念，解答本题。

(1) $u_O = -3u_I$ （取 $R_F = 60\text{k}\Omega$） 为反相比例运算，
需设计反相比例运算电路，如图 12 - 11 所示。

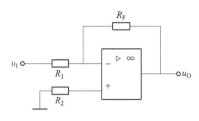

根据虚短虚断概念，其比例运算关系可表示为

$$u_O = -\frac{R_F}{R_1}u_I$$

根据题意，$R_F = 60\text{k}\Omega$，取

$$R_1 = 20\text{k}\Omega$$

图 12 - 11　反相比例运算电路

为保证集成运放输入端电阻的平衡，一般要求 $R_+ = R_-$，即取

$$R_2 = R_1 /\!/ R_F = 20 /\!/ 60 = 15(\text{k}\Omega)$$

(2) $u_O = 2$ （$u_{I1} - u_{I2}$） （$R_F = 120\text{k}\Omega$） 为减法运算，需设计减法运算电路，如图 12 - 12
所示。

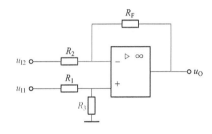

根据虚短 $u_+ = u_-$ 和直流电阻平衡 $R_2 /\!/ R_F = R_1 /\!/ R_3$，得到

$$u_O = R_F\left(\frac{u_{I1}}{R_1} - \frac{u_{I2}}{R_2}\right)$$

根据题意，$R_F = 120\text{k}\Omega$，取

$$R_1 = R_2 = 60\text{k}\Omega$$

为保证集成运放输入端电阻的平衡，一般要求

图 12 - 12　减法运算电路

$R_+ = R_-$，即取

$$R_2 /\!/ R_3 = R_1 /\!/ R_F \Longrightarrow 60 /\!/ R_3 = 60 /\!/ 120 \Longrightarrow R_3 = 120\text{k}\Omega$$

(3) $u_O = 5u_I$ （$R_F = 40\text{k}\Omega$） 为同相比例运算，需设计同相比例运算电路如图 12 - 13
所示。

根据虚短虚断概念，比例运算关系可表示为

$$u_O = \left(1 + \frac{R_F}{R_1}\right)u_+ = \left(1 + \frac{R_F}{R_1}\right)u_I$$

根据题意，$R_F = 40\text{k}\Omega$，可行

$$R_1 = 10\text{k}\Omega$$

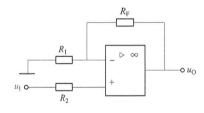

为保证集成运放输入端电阻的平衡，一般要求 $R_+ = R_-$，即

图 12 - 13　同相比例运算电路

$$R_2 = R_1 /\!/ R_F \Longrightarrow R_2 = 10 /\!/ 40 = 8(\text{k}\Omega)$$

(4) $u_O = 0.5u_I$ （$R_F = 30\text{k}\Omega$） 为同相比例运算，需设计同相比例运算电路，电路如图
12 - 13 所示。

根据虚短 $u_+ = u_-$ 和直流电阻平衡 $R_1 /\!/ R_F = R_2 /\!/ R_3$，可得

$$u_O = \left(1 + \frac{R_F}{R_1}\right)\frac{R_3}{R_2 + R_3}u_I$$

根据题意，$R_F=30\text{k}\Omega$，取

$$R_1 = 15\text{k}\Omega, \quad \frac{R_3}{R_2+R_3} = 6$$

为保证集成运放输入端电阻的平衡，一般要求 $R_+=R_-$，取

$$R_2//R_3 = R_1//R_F \Longrightarrow R_2//R_3 = 15//30 = 10\text{k}\Omega$$

解得

$$R_2 = 60\text{k}\Omega, \ R_3 = 12\text{k}\Omega$$

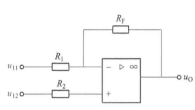

图 12-14　加减运算电路

（5）$u_O=2u_{I2}-u_{I1}$（$R_F=30\text{k}\Omega$）为加减运算，需设计加减运算电路，电路如图 12-14 所示。

根据虚短 $u_+=u_-$ 和直流电阻平衡 $R_1//R_F=R_2$，可得

$$u_O = R_F\left(\frac{u_{I2}}{R_2} - \frac{u_{I1}}{R_1}\right)$$

根据题意，$R_F=30\text{k}\Omega$，取

$$R_1 = 30\text{k}\Omega, \ R_2 = 15\text{k}\Omega$$

为保证集成运放输入端电阻的平衡，一般要求 $R_+=R_-$，取值

$$R_2 = R_1//R_F \Longrightarrow R_2 = 30//30 = 15(\text{k}\Omega)$$

（6）$u_O=-3（u_{I1}+0.2u_{I2}）$（$R_F=120\text{k}\Omega$）为反相求和运算，需设计反相求和运算电路，电路如图 12-15 所示。

根据虚短 $u_+=u_-$ 和直流电阻平衡 $R_1//R_2//R_F=R_3$，得到

$$u_O = -R_F\left(\frac{u_{I1}}{R_1} + \frac{u_{I2}}{R_2}\right)$$

根据题意，$R_F=120\text{k}\Omega$，取

$$R_1 = 40\text{k}\Omega, \ R_2 = 200\text{k}\Omega$$

为保证集成运放输入端电阻的平衡，一般要求 $R_+=R_-$，取值应满足

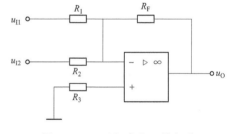

图 12-15　反相求和运算电路

$$R_3 = R_1//R_2//R_F \Longrightarrow R_3 = 40//200//120 = 26(\text{k}\Omega)$$

（7）$u_O=-200\int u_I\mathrm{d}t$（$C_F=0.1\mu\text{F}$）为积分运算，需设计积分运算电路，电路如图 12-16 所示。

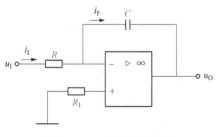

图 12-16　积分运算电路

根据虚短虚断的概念，可得

$$u_O = -\frac{1}{RC}\int u_I\mathrm{d}t$$

根据题意，$C_F=0.1\mu\text{F}$，取 $R=50\text{k}\Omega$，满足题意要求。

（8）$u_O=-10\int u_{I1}\mathrm{d}t-5\int u_{I2}\mathrm{d}t$（$C_F=1\mu\text{F}$）为反相求和＋积分运算电路，需设计反相求和＋积分运算电路，电路如图 12-17 所示。

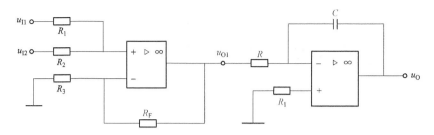

图 12 - 17 反相求和＋积分运算电路

根据虚短 $u_+ = u_-$ 和直流电阻平衡 $R_1 // R_2 = R_F // R_3$，得到

$$u_{O1} = R_F\left(\frac{u_{I1}}{R_1} + \frac{u_{I2}}{R_2}\right), \quad u_O = -\frac{1}{RC}\int u_{O1}\,\mathrm{d}t$$

整理可得

$$u_O = -\frac{1}{RC}\int\left(\frac{R_F}{R_1}u_{I1} + \frac{R_F}{R_2}u_{I2}\right)\mathrm{d}t$$

根据题意，$C_F = 1\mu F$，取 $R = 100\text{k}\Omega$，则

$$u_O = -10\int\left(\frac{R_F}{R_1}u_{I1} + \frac{R_F}{R_2}u_{I2}\right)\mathrm{d}t$$

取 $R_F = R_1 = 60\text{k}\Omega$，$R_2 = R_3 = 120\text{k}\Omega$，满足设计要求。

第 13 章 直 流 稳 压 电 源

知识点梳理

电子电路（小功率电子设备）通常需要电压稳定的直流电源供电。小功率直流稳压电源通常由电源变压器、整流电路、滤波电路和稳压电路四部分组成。

电源变压器主要作用是降低引入电源的幅值，保证后续电路正常安全工作。电源变压器二次侧电压通过整流电路时，整流电路将交流电压变成单向脉动电压。由于此脉动电压还含有较大的交流分量（纹波），若直接为负载供电，会影响负载电路的正常工作。为了减少电压的纹波，需要通过低通滤波电路加以滤除交流分量，以稳定输出电压。理想情况下，应将交流分量全部滤除，使滤波电路的输出电压仅为直流电压。实际情况，经过滤波后直流电压随着电网电压波动（一般有±10％左右的波动）、负载、温度的变化而变化，所以在滤波电路之后，还需经过稳压电路处理。稳压电路的作用是当电网电压波动、负载、温度变化时，维持输出直流电压的稳定。大功率的直流稳压电源一般采用三相交流电作为输入电源信号，小功率的直流电源通常采用单相交流电作为输入电源信号。

本章核心内容导读如图 13 - 1 所示。

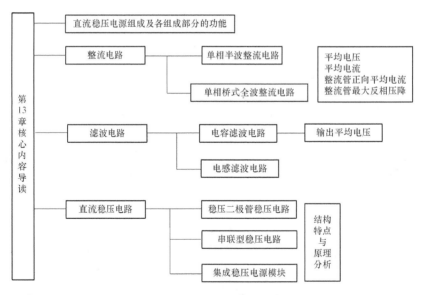

图 13 - 1 第 13 章核心内容导读图

习题详解

【13 - 1】试回答一般直流稳压电源主要组成部分，以及各个组成部分的功能。

解 根据直流稳压电源的组成和各个组成部分的功能，本题解析如下。

直流稳压电源一般由电源变压器、整流电路、滤波电路和稳压电路等四个部分组成。

直流电源的输入为 220V、50Hz 的市电。由于输出直流电压和电网电压的相差较大，因此需要通过电源变压器降压后，再对交流电压进行处理。但也有降压部分电路不采用变压器，利用其他方法降压。

变压器二次电压通过整流电路将交流电压变成单向脉动的直流电压。由于此脉动的直流电压还含有较大的交流分量（纹波），直接为负载供电，会影响负载电路的正常工作。为了减少电压的脉动，需通过低通滤波电路滤除交流分量，以减小脉动达到满足需要的直流电压。经过滤波后直流电压随着电网电压波动（一般有 ±10% 左右的波动），负载、温度的变化而变化，所以在滤波电路之后，还需接稳压电路。稳压电路的作用是当电网电压波动，负载、温度变化时，维持输出直流电压的稳定。

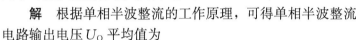

【13-2】 在图 13-2 所示半波整流电路中，变压器二次侧电压 u_2 的有效值分别为 10V 和 100V，试求输出电压 U_O 的平均值和整流管最大反向电压。

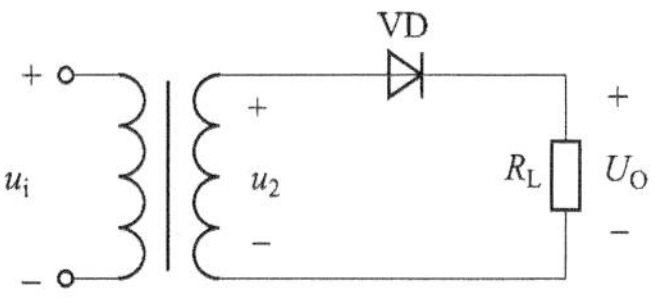

图 13-2　题 13-2 图

解　根据单相半波整流的工作原理，可得单相半波整流电路输出电压 U_O 平均值为

$$U_O = \frac{1}{2\pi} \int_0^\pi \sqrt{2} U_2 \sin\omega t \, \mathrm{d}t = \frac{\sqrt{2}}{\pi} U_2 \approx 0.45 U_2$$

二极管在截止时承受的最大反向电压 U_{RM} 为

$$U_{RM} = \sqrt{2} U_2$$

当变压器二次侧电压 u_2 的有效值分别为 10V 和 100V 时，输出电压 U_O 平均值为 4.5V 和 45V。二极管在截止时承受的最大反向电压 U_{RM} 分别为 14.14V 和 141.4V。

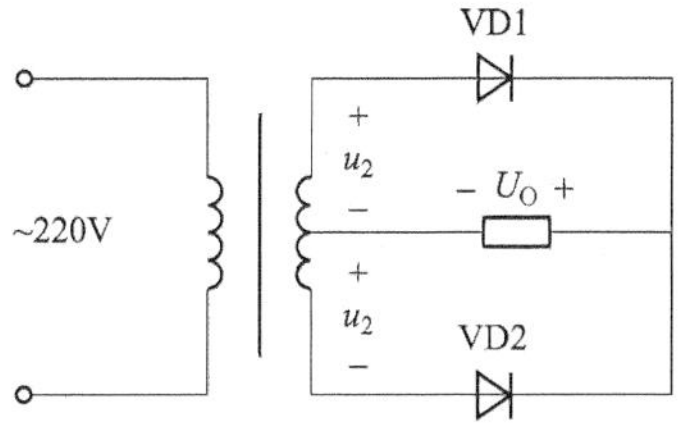

【13-3】 在图 13-3 所示的变压器二次绕组有中心抽头的单相全波整流电路中，已知 $u_2 = 20\sqrt{2}\sin\omega t \, V$，试求整流输出电压 U_O。

图 13-3　题 13-3 图

解　根据双单相半波整流可构成单相全波整流。输出电压的平均值为

$$U_O = \frac{1}{\pi} \int_0^\pi 20\sqrt{2}\sin\omega t \, \mathrm{d}\omega$$

$$= \frac{40\sqrt{2}}{\pi} \approx 18 \, (V)$$

【13-4】 在图 13-4 所示单相桥式全波整流电路中，已知变压器二次侧电压有效值分别为 10V 和 100V。试求输出电压 U_O 的平均值。

解　根据单相全波整流，输出电压的平均值为

$$U_O = \frac{1}{\pi} \int_0^\pi \sqrt{2} U_2 \sin\omega t \, \mathrm{d}\omega$$

$$= \frac{2\sqrt{2}}{\pi} U_2 \approx 0.9 U_2$$

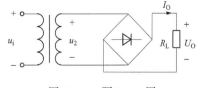

图 13-4　题 13-4 图

当变压器二次侧电压有效值分别为 10V 和 100V 时，输出电压 U_O 的平均值分别 9V

和 90V。

【13-5】采用单相桥式整流无滤波电路输出电压为 110V，直流负载为 55Ω 电阻，试求变压器二次绕组电压和电流的有效值。

解　根据单相全波整流，输出电压的平均值为

$$U_{\mathrm{O}} = \frac{1}{\pi}\int_0^\pi \sqrt{2}U_2\sin\omega t\,\mathrm{d}\omega = \frac{2\sqrt{2}}{\pi}U_2 \approx 0.9U_2$$

流过二极管的电流 I_{D} 等于负载电流 I_{O} 的 1/2，其大小为

$$I_{\mathrm{D}} = \frac{1}{2}I_{\mathrm{O}} = \frac{1}{2}\frac{U_{\mathrm{O}}}{R_{\mathrm{L}}} = 0.45\frac{U_2}{R_{\mathrm{L}}}$$

当输出电压为 110V，变压器二次电压有效值为

$$0.9U_2 = 110 \Longrightarrow U_2 = \frac{110}{0.9} = 122.2(\mathrm{V})$$

若直流负载为 55Ω 电阻，其流过的电流为

$$I_{\mathrm{O}} = \frac{U_{\mathrm{O}}}{R_{\mathrm{L}}} = \frac{110}{55} = 2(\mathrm{A})$$

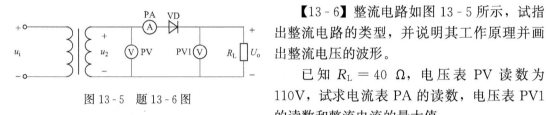

图 13-5　题 13-6 图

【13-6】整流电路如图 13-5 所示，试指出整流电路的类型，并说明其工作原理并画出整流电压的波形。

已知 $R_{\mathrm{L}} = 40\ \Omega$，电压表 PV 读数为 110V，试求电流表 PA 的读数，电压表 PV1 的读数和整流电流的最大值。

解　此电路为单相半波整流电路。u_2 为正弦量，当 u_2 处于正半周时，二极管 VD 导通，负载 R_{L} 上有电流通过。当 u_2 处于负半周时，二极管 VD 截止，负载 R_{L} 上没有电流。电压表读数 110V，则说明变压器二次侧电压有效值为 110V。

根据单相半波整流的工作原理，可得单相半波整流电路输出电压 U_{O} 平均值为

$$U_{\mathrm{O}} = \frac{1}{2\pi}\int_0^\pi \sqrt{2}U_2\sin\omega t\,\mathrm{d}\omega t = \frac{\sqrt{2}}{\pi}U_2 \approx 0.45U_2 = 0.45\times110 = 49.5\ (\mathrm{V})$$

二极管在截止时承受的最大反向电压 U_{RM} 为

$$U_{\mathrm{RM}} = \sqrt{2}U_2 = 110\sqrt{2}\ \mathrm{V}$$

整流电流最大值为

$$I_{\mathrm{DM}} = \frac{\sqrt{2}U_2}{R_{\mathrm{L}}} = \frac{110\sqrt{2}}{40} = 3.9(\mathrm{A})$$

【13-7】要求负载电压 $U_{\mathrm{o}}=30\mathrm{V}$，负载电流 $I_{\mathrm{o}}=150\mathrm{mA}$。采用单相桥式全波整流电路，带电容滤波器。已知交流频率为 50Hz，试选用滤波电容器。

解　单相桥式全波整流滤波电路，如图 13-6 所示。

一般情况下，电容滤波电路放电时间常数满足条件 $R_{\mathrm{L}}C \geqslant (3\sim5)\dfrac{T}{2}$，取 $U_{\mathrm{o}}\approx1.2U_2$。若 $R_{\mathrm{L}}=\infty$，取 $U_{\mathrm{o}}\approx1.4U_2$。

选择滤波电容器，取

$$R_{\mathrm{L}}C = 5\frac{T}{2} = 5\times\frac{1/50}{2} = 0.05(\mathrm{s})$$

可求出负载 R_L 为

$$R_L = \frac{U_o}{I_o} = \frac{30}{150 \times 10^{-3}} = 200(\Omega)$$

则

$$C = \frac{0.05}{R_L} = \frac{0.05}{200} = 250(\mu F)$$

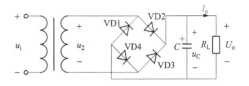

图 13-6 单相桥式全波整流滤波电路

因此，可以选用 $C = 250\mu F$，耐压为 50V 的电容。

【13-8】单相桥式全波整流滤波电路如图 13-7 所示，已知交流电源频率 $f = 50Hz$，负载电阻 $R_L = 200\Omega$，要求输出电压 $U_o = 30$ V，试选择合适整流二极管及滤波电容。

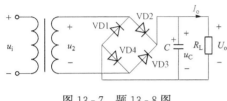

图 13-7 题 13-8 图

解 一般情况下，电容滤波电路放电时间常数满足条件 $R_L C \geqslant (3\sim5)\frac{T}{2}$，取 $U_o \approx 1.2U_2$。若 $R_L = \infty$，取 $U_o \approx 1.4U_2$。

（1）流过二极管的电流为

$$I_D = \frac{1}{2}I_o = \frac{1}{2} \times 150 = 75(mA)$$

取 $U_o \approx 1.2U_2$，所以变压器二次电压有效值为

$$U_2 = \frac{U_o}{1.2} = \frac{30}{1.2} = 25(V)$$

（2）二极管所承受的最高反向电压为

$$U_{RM} = \sqrt{2}U_2 = \sqrt{2} \times 25 = 35(V)$$

因此，可以选用二极管 2CZ52B。其最大整流电流为 100mA，反向工作峰值电压为 50V。

【13-9】如图 13-8 所示电路中，已知 $U_I = 10V$，电网电压允许波动 $\pm 10\%$，输出电压为 $U_o = 5V$，试完成：

（1）确定稳压管的稳定电压为多少？

（2）假定负载电阻 $R_L = 250\sim300\Omega$，稳压管的工作电流为 $I_S = 5\sim30mA$，请确定限流电阻 R。

（3）如果限流电阻短路，则会产生什么现象？

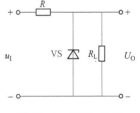

图 13-8 题 13-9 图

解 （1）根据题意要求，稳压管的稳定电压应选为 5V。

（2）负载电阻 $R_L = 250\sim300\Omega$，稳压管工作电流 $I_S = 5\sim30mA$，限流电阻 R 应满足下列条件：

$$\begin{cases} \frac{u_{Imax} - U_o}{R_{min}} - \frac{U_o}{R_{Lmax}} \leqslant 30 \times 10^{-3} \Longrightarrow \frac{10 + 10 \times 10\% - 5}{R_{min}} - \frac{5}{300} \leqslant 30 \times 10^{-3} \Longrightarrow R_{min} \geqslant 128.6\Omega \\ \frac{u_{Imin} - U_o}{R_{max}} - \frac{U_o}{R_{Lmin}} \geqslant 5 \times 10^{-3} \Longrightarrow \frac{10 - 10 \times 10\% - 5}{R_{max}} - \frac{5}{250} \geqslant 5 \times 10^{-3} \Longrightarrow R_{max} \leqslant 160\Omega \end{cases}$$

（3）如果限流电阻短路，由于稳压二极管两端电压为 u_I 大于其所能稳定的电压，导致稳压二极管流过的电流超过 I_{Smax}，可能导致二极管过热而烧毁。

【13-10】串联型稳压电路如图 13-9 所示，已知稳压管 VS 的稳定电压 $U_S = 5V$，$R_1 = R_2 = R_3 = 5\Omega$。按要求回答下列问题：

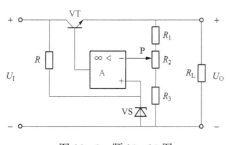

图 13-9　题 13-10 图

(1) 指出集成运放 A 工作区域。

(2) 求出输出电压的可调范围。

(3) 若滑动触点 P 打到 R_2 的最下端，需要输出电压 $U_O = 20V$，则电阻 R_3 应选取多大？（设 R_1、R_2 不变）

解　(1) 串联型稳压电路中的集成运放 A 工作在线性区。

(2) 输出电压 U_O 的可调范围为

$$\frac{U_S}{R_2 + R_3}(R_1 + R_2 + R_3) \leqslant U_O \leqslant \frac{U_S}{R_3}(R_1 + R_2 + R_3)$$

代入参数，可得

$$7.5V \leqslant U_O \leqslant 15V$$

(3) 若滑动触点 P 打到 R_2 的最下端，需要输出电压 $U_O = 20V$，则电阻 R_3 应选取

$$U_O = \frac{U_S}{R_3}(R_1 + R_2 + R_3) \Longrightarrow 20 = \frac{5}{R_3}(5 + 5 + R_3) \Longrightarrow R_3 = \frac{10}{3}\Omega$$

【13-11】串联型稳压电路如图 13-10 所示，已知稳压管 VS 的稳定电压 $U_S = 6V$，$R_1 = R_2 = 5\Omega$，$R_3 = 10\Omega$。按要求回答下列问题：

(1) 指出该串联型稳压电路的四个组成部分。

(2) 求出输出电压的可调范围。

(3) 若滑动触点 P 打到 R_1 的最下端，需要输出电压 $U_O = 20V$，则电阻 R_3 应选取多大？（假设 R_1、R_2 不变）

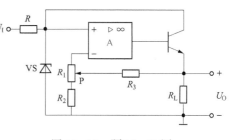

图 13-10　题 13-11 图

解　根据题意解析如下：

(1) 串联型稳压电路包含四个组成部分，即调整管、采样电路、基准电路和比较放大电路。

(2) 输出电压的可调范围为

$$\frac{U_S}{R_1 + R_2}(R_1 + R_2 + R_3) \leqslant U_O \leqslant \frac{U_S}{R_2}(R_2 + R_3)$$

代入参数值，可得

$$\frac{6}{5 + 5}(5 + 5 + 10) \leqslant U_O \leqslant \frac{6}{5}(5 + 10)$$

$$12V \leqslant U_O \leqslant 18V$$

(3) 若滑动触点 P 打到 R_1 的最下端，需要输出电压 $U_O = 20V$，则电阻 R_3 应选取

$$U_O = \frac{U_S}{R_2}(R_2 + R_3) \Longrightarrow 20 = \frac{6}{R_2}(5 + R_3) \Longrightarrow R_3 = 11.67\Omega$$

【13-12】如图 13-11 所示稳压电路，已知稳压管的稳定电压 $U_S = 6V$。按要求回答问题：

(1) 试简单说明稳压模块 W7815 的特点。

(2) 试求输出电压 U_O 的值。

解　根据题意解析如下：

（1）W7800 系列稳压器只有 3 个端子，分别为输入端 1、输出端 2、公共端 3，所以也称为三端集成稳压器。W7800 系类输出固定的正电压有 5、8、12、15、18、24V 等多种。W7815 稳压模块，输出电压为 15V，使用时，只需在输入端和输出端与公共端之间

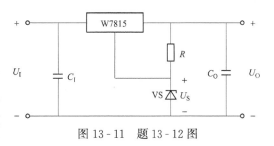

图 13 - 11　题 13 - 12 图

各并联一个电容。C_I 用来抵消输入端较长接线的电感效应，防止产生自激振荡，接线不长时也可以不接该电容。C_I 一般为 $0.1\sim1\mu F$。C_O 的作用是为了负载电流瞬时变化时不致引起输出电压有较大的波动，C_O 可取 $1\mu F$。

（2）输出电压 U_O 的值为

$$U_O = 15 + 5 = 20(\text{V})$$

第 14 章 组 合 逻 辑 电 路

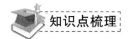 **知识点梳理**

一、逻辑代数与逻辑函数

逻辑代数是进行逻辑运算的数学载体，是数字电路分析与设计的基础。三种基本逻辑关系分别是与、或、非，它们组合有与非、或非、异或、同或等逻辑关系。三种基本逻辑运算分别是与运算、或运算、非运算，它们组合有与非、或非、异或、同或等逻辑运算。正确进行逻辑代数的运算，需要熟练掌握逻辑代数常用公式。逻辑代数中变量的取值只有两个值"1"或者"0"。"1"或者"0"没有大小概念，反映的是两种对立的状态。这是与算术运算本质上的区别。

逻辑输入和逻辑输出之间逻辑关系通常采用逻辑函数描述。逻辑函数可以通过真值表、逻辑表达式、逻辑图、波形图等多种形式描述，不同形式之间可以互相转换。

二、逻辑门电路

在数字电路中，实现逻辑关系的电路称为逻辑门电路，简称为门。所谓"门"，实质上可以认为是一种开关，是采用具有开关特性的器件来实现的。具有开关特性的器件有二极管、三极管、MOS 管。实现与、或、非逻辑的电路分别称为与门、或门、非门电路。逻辑门电路可实现高低电平的切换，为讨论分析方便，常取值 1、0 描述高低电平。高电平和低电平都是一个电压范围。一般高电平为 2.0～5V，低电平为 0～0.8V。需要注意的是，1 可以表示高电平，0 表示低电平，这种逻辑描述为正逻辑；反过来，也可以用 0 表示高电平，1 表示低电平，这种逻辑描述为负逻辑。目前实际应用的门电路都是集成电路，但分立元件门电路是实现集成电路的基础，对分立元件构成门电路的组成及原理的掌握，有助于对集成门电路的理解和应用。门电路按照工艺类型区分有 MOS 型、双极型、Bi-CMOS 型。MOS 型主要有 CMOS 型，双极型主要有 TTL 型。

三、组合逻辑电路的分析与设计

组合逻辑电路的分析，一般由给定逻辑电路图，分析逻辑输出和输入之间的逻辑关系，写出输出变量与输入变量的逻辑关系表达式（一般需要化简），列写真值表，最后根据真值表，用文字描述电路逻辑功能。

组合逻辑电路的设计，是根据给定的逻辑条件或者给定的因果关系，设计出符合要求的逻辑电路。组合逻辑电路的设计步骤一般思路为：先分析逻辑工程的描述，建立逻辑命题，经过逻辑抽象，列出真值表，之后由真值表写出逻辑表达式，并化简，最后设计符合要求的逻辑电路图。

在数字系统中，经常遇到或重复使用某些组合逻辑电路。为了使用方便，通常将这些逻辑电路制成中、小规模的标准化集成模块，即集成组合逻辑电路。如加法器、编码器、译码器、数据选择器、数值比较器、函数发生器、奇偶校验器等。

本章核心内容导读如图 14-1 所示。

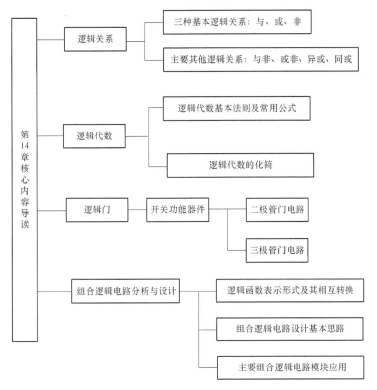

图 14 - 1 第 14 章核心内容导读图

 习题详解

【14 - 1】 应用逻辑代数常用公式化简下列逻辑表达式。

(1) $Y = A + \overline{A}B$

(2) $Y = AB + \overline{B}C + \overline{A}C$

(3) $Y = AB + A\overline{B} + \overline{A}B$

(4) $Y = A + B + \overline{AB}$

(5) $Y = AB + AC + BC + ABC$

(6) $Y = A + B + C + \overline{ABC}$

(7) $Y = ABC + \overline{A}B + AB\overline{C}$

(8) $Y = \overline{\overline{(A + B)} + AB}$

(9) $Y = A\overline{B} + B + \overline{A}B$

(10) $Y = A\overline{C} + ABC + AC\overline{D} + CD$

解 根据逻辑代数中的常用公式，将各个逻辑代数化简如下：

(1) $Y = A + \overline{A}B = (A + \overline{A})(A + B) = A + B$

(2) $Y = AB + \overline{B}C + \overline{A}C$

$\quad = AB + (\overline{B} + \overline{A})\ C$

$\quad = AB + (\overline{AB})\ C$

$\quad = (AB + \overline{AB})\ (AB + C)$

$\quad = AB + C$

(3) $Y = AB + A\overline{B} + \overline{A}B$

$\quad = A\ (B + \overline{B})\ + (A + \overline{A})\ B$

$\quad = A + B$

(4) $Y = A + B + \overline{AB}$

$$=A+B+\overline{A}+\overline{B}$$
$$=1$$

(5) $Y=AB+AC+BC+ABC$
$$=AB\ (1+C)\ +AC\ (1+B)\ +BC\ (1+A)$$
$$=AB+AC+BC$$

(6) $Y=A+B+C+\overline{ABC}$
$$=A+B+C+\overline{A}+\overline{B}+\overline{C}$$
$$=1$$

(7) $Y=ABC+\overline{A}B+AB\overline{C}$
$$=AB\ (C+\overline{C})\ +\overline{A}B$$
$$=AB+\overline{A}B$$
$$=\ (A+\overline{A})\ B$$
$$=B$$

(8) $Y=\overline{\overline{(A+B)}+AB}$
$$=\overline{\overline{(A+B)}}\cdot\overline{AB}$$
$$=\ (A+B)\ (\overline{A}+\overline{B})$$
$$=A\overline{B}+\overline{A}B$$

(9) $Y=A\overline{B}+B+\overline{A}B$
$$=\ (A+B)\ (\overline{B}+B)\ +B\ (1+\overline{A})$$
$$=\ (A+B)\ +B$$
$$=A+B$$

(10) $Y=A\overline{C}+ABC+AC\overline{D}+CD$
$$=A\ (\overline{C}+BC)\ +C\ (A\overline{D}+D)$$
$$=A\ (\overline{C}+B)\ (\overline{C}+C)\ +C\ (A+D)\ (\overline{D}+D)$$
$$=A\ (\overline{C}+B)\ +C\ (A+D)$$
$$=A\overline{C}+AC+AB+CD$$
$$=A\ (\overline{C}+C+B)\ +CD$$
$$=A+CD$$

【14-2】分析图 14-2 所示电路的逻辑功能，写出输出与输入的逻辑关系式，列出真值表，说明电路的逻辑功能。

解 根据逻辑门及其实现的逻辑功能，可得图 14-2 所示的逻辑电路的逻辑关系表达式如下：

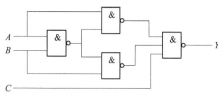

图 14-2 题 14-2 图

$$Y=\overline{\overline{A\ \overline{AB}}\cdot\overline{\overline{ABB}}\cdot\overline{C}}$$
$$=A\ \overline{AB}+\overline{AB}B+\overline{C}$$
$$=A(\overline{A}+\overline{B})+(\overline{A}+\overline{B})B+\overline{C}$$
$$=A\overline{B}+\overline{A}B+\overline{C}$$

根据逻辑关系表达式可得真值表，见表 14-1。

表 14 - 1　　　　　　　　　　　　　　题 14 - 2 真值表

A	B	C	Y
0	0	0	1
0	0	1	0
0	1	0	1
0	1	1	1
1	0	0	1
1	0	1	1
1	1	0	1
1	1	1	0

由真值表可知：

当 A 与 B 状态不同时，或 $C=0$ 时，输出便是 1。

【14 - 3】分析图 14 - 3 所示电路的逻辑功能，写出 Y_1、Y_2 的逻辑函数式，列出真值表。

解　根据逻辑门及其实现的逻辑功能，可得图 14 - 3 所示的逻辑电路的逻辑关系表达式如下

$$Y_1 = ABC + \overline{A+B+C} = ABC + \overline{A}\,\overline{B}\,\overline{C}$$

$$Y_2 = \overline{\overline{AB} + \overline{BC}} = \overline{\overline{AB}}\ \overline{\overline{BC}} = (\overline{A}+\overline{B})(\overline{B}+\overline{C})$$

$$= \overline{A}\,\overline{B} + \overline{A}\,\overline{C} + \overline{B} + \overline{B}\,\overline{C}$$

$$= \overline{B}(\overline{A}+\overline{C}+1) + \overline{A}\,\overline{C}$$

$$= \overline{B} + \overline{A}\,\overline{C}$$

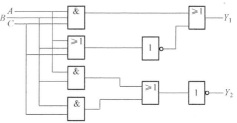

图 14 - 3　题 14 - 3 图

根据逻辑关系表达式可得真值表，见表 14 - 2。

表 14 - 2　　　　　　　　　　　　　　题 14 - 3 真值表

A	B	C	Y_1	Y_2
0	0	0	1	1
0	0	1	0	1
0	1	0	0	1
0	1	1	0	0
1	0	0	0	1
1	0	1	0	1
1	1	0	0	0
1	1	1	1	0

逻辑功能：对于 Y_1，当输入 A、B、C 状态相同时，输出为 1，否则为 0。对于 Y_2，当输入 B 为 0，或者 $A=C=0$ 时，输出为 1，否则为 0。

【14 - 4】图 14 - 4 所示逻辑电路，写出 Y_1、Y_2 的逻辑函数式，并说明电路逻辑功能。

解　根据逻辑门及其实现的逻辑功能，可得图 14 - 4 所示逻辑电路的逻辑关系表达式

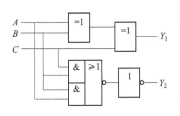

图 14-4 题 14-4 图

如下：
$$Y_1 = (A\overline{B} + \overline{A}B)\overline{C} + \overline{(A\overline{B} + \overline{A}B)}C = A \oplus B \oplus C$$
$$Y_2 = \overline{\overline{AB} + \overline{BC}} = AB + BC$$

对于 Y_1，当 A、B、C 中有奇数个 1 时，输出便是 1。对于 Y_2，当 A、C 中有一个为 1，且 $B=1$，输出 Y_2 便是 1。

【14-5】写出图 14-5 所示电路输出的逻辑函数表达式，列出真值表，并说明其逻辑功能。

解 根据逻辑门及其实现的逻辑功能，可得图 14-5 所示逻辑电路的逻辑关系表达式如下

$$Y_1 = B_1\overline{B_0} + \overline{B_1}B_0 = B_1 \oplus B_0$$
$$Y_2 = B_1\overline{B_2} + \overline{B_1}B_2 = B_1 \oplus B_2$$

根据逻辑关系表达式可得真值表，见表 14-3。

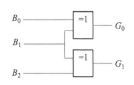

图 14-5 题 14-5 图

表 14-3   题 14-5 真值表

B_0	B_1	B_2	Y_1	Y_2
0	0	0	0	0
0	0	1	0	1
0	1	0	1	1
0	1	1	1	0
1	0	0	1	0
1	0	1	1	1
1	1	0	0	1
1	1	1	0	0

对于 Y_1，当 B_0 与 B_1 状态不一样时，输出便是 1。对于 Y_2，当 B_2 与 B_1 状态不一样时，输出 Y_2 便是 1。

【14-6】如图 14-6 所示两电路，当开关 A、B、C 向上拨为"1"，向下拨为"0"。电灯 Y 亮为"1"，电灯灭为"0"。按要求回答问题：

（1）写出两电路所描述的真值表。

（2）试设计逻辑电路图实现电路所描述的逻辑关系。

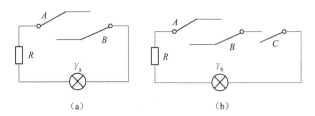

（a）   （b）

图 14-6 题 14-6 图

解 根据组合逻辑电路设计的基本步骤，本题解析过程如下：

（1）输入：开关闭合情况；输出：灯泡亮灭情况。

（2）A、B 开关达到上为"1"，达到下为"0"；C 开关闭合为"1"，断开为"0"；电灯亮为"1"，电灯灭为"0"。

（3）列写真值表，见表 14-4、表 14-5。

表 14-4 题 14-6（a）真值表

A	B	Y_a
0	0	1
0	1	0
1	0	0
1	1	1

表 14-5 题 14-6（b）真值表

A	B	C	Y_b
0	0	0	0
0	0	1	1
0	1	0	0
0	1	1	0
1	0	0	0
1	0	1	0
1	1	0	0
1	1	1	1

（4）根据真值表，写出表达式为

$$Y_a = AB + \overline{A}\,\overline{B} = A \odot B$$

$$Y_b = ABC + \overline{A}\,\overline{B}C = (A \odot B)C$$

（5）画出逻辑电路图，如图 14-7 所示。

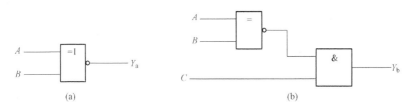

(a)   (b)

图 14-7 题 14-6 逻辑电路图

（6）功能说明：

对于图 14-6（a）所示电路，当开关同时达到上或下，灯泡发光。

对于图 14-6（b）所示电路，当开关同时达到上或下，且开关 C 闭合，灯泡发光。

【14-7】某学生参加三门课程的结业考试，若考试成绩为不小于 5 分，允许结业，否则不允许结业。已知三门课程分别为 A、B、C，其对应学分别为 4、2、2。若通过某门课程的结业考试得到相应的学分，若没有通过某门课程的结业考试，相应的学分为 0。设通过某课程结业考试为"1"，否则为"0"；允许结业为"1"，否则为"0"。按要求回答问题：

（1）按照题意，列写所描述的真值表。

（2）试设计逻辑电路实现事件所描述的逻辑关系。

解 根据组合逻辑电路设计的基本步骤，本题解析过程如下：

（1）输入：课程通过与否；输出：是否允许结业。

（2）课程通过考试为"1"，课程未通过考试为"0"；结业允许为"1"，结业不允许为"0"。

（3）列写真值表，见表 14 - 6。

表 14 - 6   题 14 - 7 真值表

A	B	C	Y
0	0	0	0
0	0	1	0
0	1	0	0
0	1	1	0
1	0	0	0
1	0	1	1
1	1	0	1
1	1	1	1

（4）写出表达式

$$Y = A\overline{B}C + AB\overline{C} + ABC = AB + AC = A(B + C)$$

（5）画出逻辑电路图，如图 14 - 8 所示。

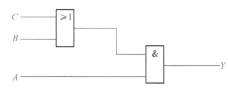

图 14 - 8 题 14 - 7 逻辑电路图

（6）功能说明：

当课程 A 通过，且课程 B、C 中至少通过一门，结业才被允许。

【14 - 8】设计在一个楼道里用三个开关控制一盏灯的逻辑电路，要求改变任何一个开关的状态都能控制灯的开和关。

解 根据组合逻辑电路设计的基本步骤，本题分析过程如下：

假设三个不同位置的开关分别为 A、B、C，灯泡为 Y，并设 $A = B = C = 0$，灯泡不亮。根据一个楼道里用三个开关控制一盏灯的控制要求，应该实现：在任何一个位置开关状态发生改变，灯泡便亮，当位置发生改变，改变该位置的开关状态，灯泡便灭。

列写状态真值表见表 14 - 7。

表 14 - 7   题 14 - 8 真值表

A	B	C	Y
0	0	0	0
0	0	1	1
0	1	0	1
0	1	1	0

A	B	C	Y
1	0	0	1
1	0	1	0
1	1	0	0
1	1	1	1

写出逻辑关系表达式为

$$Y = \overline{A}\,\overline{B}C + \overline{A}B\overline{C} + A\overline{B}\,\overline{C} + ABC$$

设计逻辑电路图，如图 14 - 9 所示。

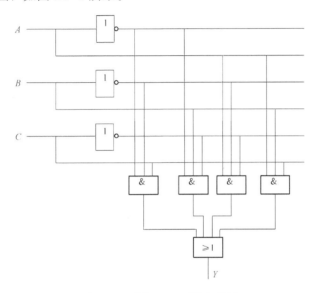

图 14 - 9 题 14 - 8 逻辑电路图

【14 - 9】试用与非门设计能实现下列功能的组合逻辑电路：

(1) 三变量不一致电路：三个变量状态完全相同时输出为 0，其余状态输出为 1。

(2) 四变量检奇电路：四变量中有奇数个 1 时输出为 1，否则输出为 0。

解 根据组合逻辑电路设计的基本步骤，本题解析过程如下：

假设：(1) 三个变量分别为 A、B、C，输出为 Y_1；

(2) 四个变量分别为 A、B、C、D，输出为 Y_2。

列写真值表，分别见表 14 - 8、表 14 - 9。

表 14 - 8　　　　　　　　　　三 变 量 真 值 表

A	0	1	0	1	0	1	0	1
B	0	0	1	1	0	0	1	1
C	0	0	0	0	1	1	1	1
Y_1	0	1	1	1	1	1	1	0

表 14 - 9　　　　　　　　　　　四 变 量 真 值 表

A	0	1	0	1	0	1	0	1	0	1	0	1	0	1	0	1
B	0	0	1	1	0	0	1	1	0	0	1	1	0	0	1	1
C	0	0	0	0	1	1	1	1	0	0	0	0	1	1	1	1
D	0	0	0	0	0	0	0	0	1	1	1	1	1	1	1	1
Y_2	0	1	1	0	1	0	0	1	1	0	0	1	0	1	1	0

根据真值表，写出逻辑关系表达式：

$$\overline{Y}_1 = \overline{A}\,\overline{B}\,\overline{C} + ABC$$

$$Y1 = \overline{\overline{A}\,\overline{B}\,\overline{C} + ABC}$$

$$= A\overline{B} + A\overline{C} + \overline{A}B + B\overline{C} + \overline{A}C + \overline{B}C$$

$$= A \oplus B + A \oplus C + B \oplus C$$

$$Y_2 = \overline{A}\,\overline{B}\,CD + \overline{A}\,BC\overline{D} + \overline{A}BC\,\overline{D} + \overline{A}BCD + A\overline{B}\,\overline{C}\,\overline{D} + A\overline{B}CD + AB\overline{C}D + ABC\overline{D}$$

设计逻辑电路图，分别如图 14 - 10、图 10 - 11 所示。

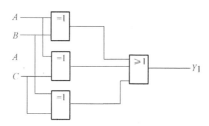

图 14 - 10　题 14 - 9 逻辑电路图（1）

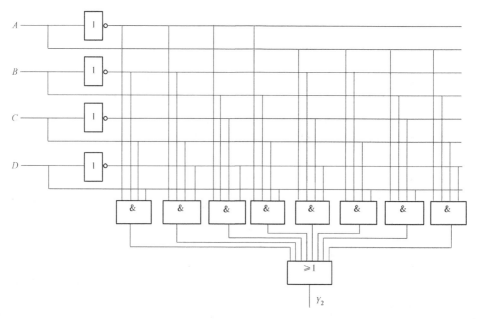

图 14 - 11　题 14 - 10 逻辑电路图（2）

【14-10】试用译码器 74HC138 和适当的逻辑门电路实现逻辑函数

$$Y = AB + A\overline{B}\overline{C} + \overline{A}BC$$

解　74HC138 示意图以及输出变量与输入变量之间的关系如图 14-12 所示。

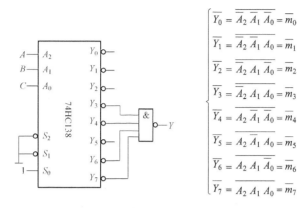

图 14-12　74HC138 示意图及输出与输入之间的逻辑关系

将 Y 进行变形，可得

$$
\begin{aligned}
Y &= AB(C+\overline{C}) + A\overline{B}\,\overline{C} + \overline{A}BC \\
&= ABC + AB\overline{C} + A\overline{B}\,\overline{C} + \overline{A}BC \\
&= \overline{\overline{ABC + AB\overline{C} + A\overline{B}\,\overline{C} + \overline{A}BC}} \\
&= \overline{\overline{ABC} \cdot \overline{AB\overline{C}} \cdot \overline{A\overline{B}\,\overline{C}} \cdot \overline{\overline{A}BC}}
\end{aligned}
$$

【14-11】试用译码器 74HC138 和门电路设计一个 8 选 1 的数据选择器。

解　根据题意要求，8 选 1 数据选择器，其输出与输入之间的逻辑函数关系为

$$Y = \overline{A}\,\overline{B}\,\overline{C}D_0 + \overline{A}\,\overline{B}CD_1 + \overline{A}B\overline{C}D_2 + \overline{A}BCD_3 + A\overline{B}\,\overline{C}D_4 + A\overline{B}CD_5 + AB\overline{C}D_6 + ABCD_7$$

其中，A、B、C 为地址，$D_0 \sim D_7$ 为数据。设计逻辑电路，如图 14-13 所示。

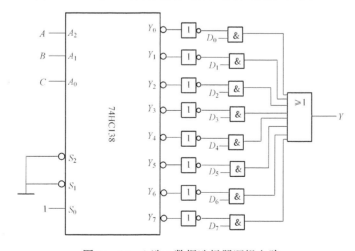

图 14-13　8 选 1 数据选择器逻辑电路

【14-12】分析图 14-14 所示电路，写出数据选择器 74HC151 输出 Z 的逻辑函数式。

解　对于 74HC151 为 8 选 1 选择选择器，其输出与地址、数据之间逻辑关系为

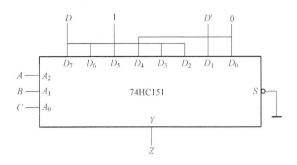

图 14 - 14　题 14 - 12 图

$$Z = \overline{A}\,\overline{B}\,\overline{C}D_0 + \overline{A}\,\overline{B}CD_1 + \overline{A}B\overline{C}D_2 + \overline{A}BCD_3 + A\overline{B}\,\overline{C}D_4 + A\overline{B}CD_5 + AB\overline{C}D_6 + ABCD_7$$

将相关数据代入上式，可得

$$Z = \overline{A}\,\overline{B}\,\overline{C} \cdot 0 + \overline{A}\,\overline{B}C \cdot D' + \overline{A}B\overline{C} \cdot D + \overline{A}BC \cdot D + A\overline{B}\,\overline{C} \cdot 0 + A\overline{B}C \cdot 1 + AB\overline{C} \cdot D + ABC \cdot D$$

$$= \overline{A}\,\overline{B}C \cdot \overline{D} + \overline{A}B\overline{C} \cdot D + \overline{A}BC \cdot D + A\overline{B}C + AB\overline{C} \cdot D + ABC \cdot D$$

$$= BD + A\overline{B}C + \overline{B}C\overline{D}$$

即　　　　　　　　　　　　　　$$Z = Y = BD + A\overline{B}C + \overline{B}C\overline{D}$$

第 15 章　触发器与时序逻辑电路

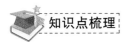 知识点梳理

一、触发器

时序逻辑电路中，能够储存 1 位二值信号，并能在时钟信号触发下改变其存储内容的单元电路称为触发器，它是构成数字系统的基本逻辑单元，也是数字系统中的基本记忆单元。触发器按照其工作状态可分为双稳态触发器、单稳态触发器、无稳态触发器（多谐振荡器）等。双稳态触发器按照其逻辑功能可分为 RS 触发器、JK 触发器、D 触发器、T 触发器等。触发器根据触发方式分为电平触发、脉冲触发和边沿触发三种。本教材主要讲解了电平触发 RS 触发器，边沿触发 JK 触发器、D 触发器、T 触发器。掌握触发器的逻辑功能、特性方程、状态转换图，对时序逻辑电路的分析是非常重要的。

二、时序逻辑电路的分析

时序逻辑电路的分析，就是对给定时序逻辑电路，找出在输入信号和时钟信号共同作用下，电路状态和输出状态的变化规律。分析时序逻辑电路的逻辑功能，一般是确定时序逻辑电路的四大方程，即时钟方程、驱动方程、状态方程以及电路的输出方程。时钟方程，就是找到各个触发器的时钟触发信号。驱动方程，就是指各个触发器输入信号。状态方程，就是各个触发器 Q 端输出信号的逻辑关系表示，将触发器的驱动方程代入触发器特性方程，即可得到触发器状态方程。输出方程就是时序逻辑电路输出信号的逻辑关系表示。时序逻辑电路功能的描述可以采用状态转换表、状态转换图、时序图等方式等。

三、寄存器与计数器

寄存器的主要功能是暂时存放数据、指令等。一个触发器能存储 1 位二进制代码，所以 N 个触发器构成的寄存器可以存储一组 N 位二进制代码。N 个触发器构成时序逻辑电路最多有 2^N 个状态。寄存器按照功能可以分为数码寄存器和移位寄存器，其中，数码寄存器具有寄存数码和清除原有数码的功能。寄存器通常由 D 触发器或 RS 触发器构成。

计数器是数字系统中用得最多的时序电路。它既可以对时钟脉冲计数，又可以用于分频、定时、产生节拍脉冲等。计数器可以按照不同的方式进行分类：按照计数脉冲的引入方式不同，可以分为同步计数器和异步计数器；按照计数过程中计数器中的数字增减不同，可以分为加法计数器、减法计数器和可逆计数器；按照计数进制不同，可以分为二进制计数器、十进制计数器、N 进制计数器等。

本章核心内容导读如图 15 - 1 所示。

习题详解

【15 - 1】已知基本 RS 触发器电路中，输入信号端 $\bar{S}$、$\bar{R}$ 电压波形如图 15 - 2 所示，试画出图示电路输出端 Q 和 $\bar{Q}$ 的电压波形。

解　根据基本 RS 触发器的功能表，在给定输入波形下，得到输出波形，如图 15 - 3 所示。

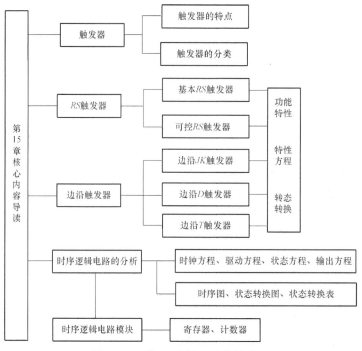

图 15-1 第 15 章核心内容导读图

【15-2】可控 RS 触发器中，各输入端的信号波形如图 15-4 所示，试画出 Q、$\overline{Q}$ 端对应的波形。设触发器的初始状态为 0。

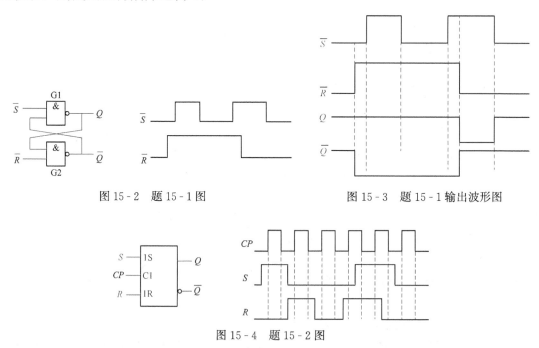

图 15-2 题 15-1 图　　　　　　　图 15-3 题 15-1 输出波形图

图 15-4 题 15-2 图

解　根据可控 RS 触发器的功能表，在给定输入波形下，得到输出波形（初态 $Q=0$），如图 15-5 所示。

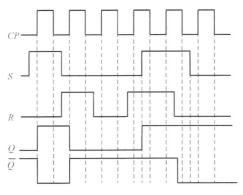

图 15-5　题 15-2 输出波形图

【15-3】带预置端的边沿触发 JK 触发器中，各输入端的信号波形如图 15-6 所示。已知异步输入信号 $\overline{S}_D=1$，试画出 Q、$\overline{Q}$ 端对应的波形。

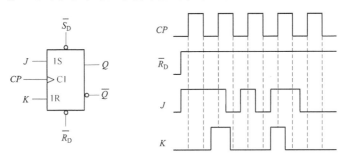

图 15-6　题 15-3 图

解　根据边沿 JK 触发器的功能表，在给定输入波形下，输出波形，利用预置端，获取 Q 初态，即 $Q=0$，如图 15-7 所示。

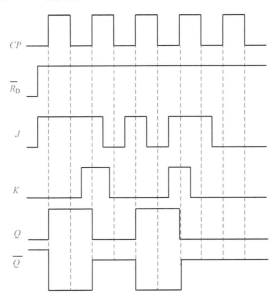

图 15-7　题 15-3 输出波形图

【15-4】在边沿触发 JK 触发器中，各输入端波形如图 15-8 所示，试画出 Q、$\overline{Q}$ 端对应的波形。设触发器的初始状态为 0。

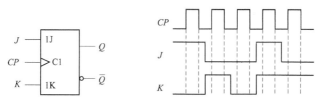

图 15-8　题 15-4 图

解　根据边沿 JK 触发器的功能表，在给定输入波形下，输出波形，初态 $Q=0$，如图 15-9 所示。

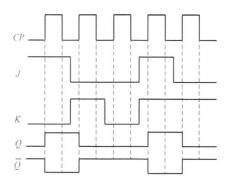

图 15-9　题 15-4 输出波形图

【15-5】在边沿 T 触发器中，各输入端波形如图 15-10 所示，试画出 Q、$\overline{Q}$ 端对应的波形。设触发器的初始状态为 0。

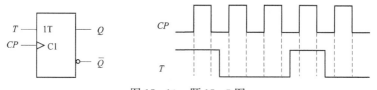

图 15-10　题 15-5 图

解　根据边沿 T 触发器的功能表，在给定输入波形下，得到输出波形，初态 $Q=0$，如图 15-11 所示。

【15-6】在边沿 D 触发器中，各输入端波形如图 15-12 所示，试画出 Q、$\overline{Q}$ 端对应的波形。设触发器的初始状态为 0。

解　根据边沿 D 触发器的功能表，在给定输入波形下，得到输出波形，初态 $Q=0$，如图 15-13 所示。

【15-7】在边沿 D 触发器中，各输入端波形如图 15-14 所示，试画出 Q、$\overline{Q}$ 端对应的波形。

解　根据逻辑门（与门）、边沿 D 触发器的功能表，以及预置端 $\overline{S}_{\mathrm{D}}$，确定 Q 初态。在给定输入波形下，得到输出波形，如图 15-15 所示。

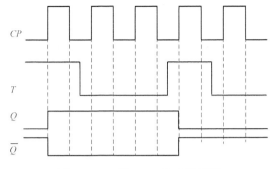

图 15 - 11　题 15 - 5 输出波形图

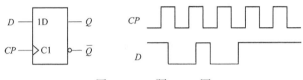

图 15 - 12　题 15 - 6 图

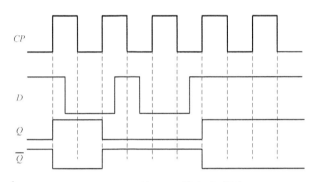

图 15 - 13　题 15 - 6 输出波形图

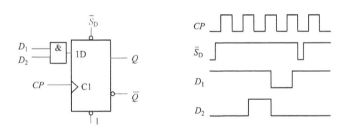

图 15 - 14　题 15 - 7 图

【15 - 8】在边沿 T 触发器中，各输入端波形如图 15 - 16 所示，试画出 Q、$\overline{Q}$ 端对应的波形。设触发器的初始状态为 0。

　　解　根据逻辑门（与门）、边沿 T 触发器的功能表，以及 Q 初态，可得到在给定输入波形下，输出波形，如图 15 - 17 所示。

【15 - 9】带预置输入信号的边沿触发 JK 触发器中，各输入端波形如图 15 - 18 所示，试画出 Q、$\overline{Q}$ 端对应的波形。

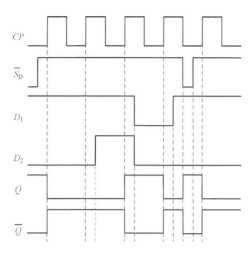

图 15 - 15　题 15 - 7 输出波形图

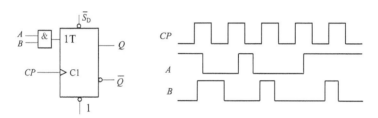

图 15 - 16　题 15 - 8 图

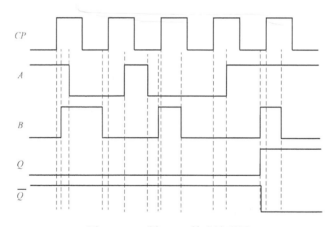

图 15 - 17　题 15 - 8 输出波形图

解　根据逻辑门（与门）、边沿 JK 触发器的功能表，以及预置端 $\overline{S}_D$ 确定 Q 初态。可得到在给定输入波形下的输出波形，如图 15 - 19 所示。

【15 - 10】由边沿触发器构成的电路如图 15 - 20 所示，已知 CP 波形，试画出 Q_1、Q_2 的波形。设触发器 Q_1、Q_2 的初始状态均为 0。

解　根据边沿 D、JK 触发器的功能表，在给定输入波形下，可得到输出波形，如图 15 - 21 所示。

【15 - 11】边沿 D 触发器构成的电路如图 15 - 22 所示，已知 CP 波形，试画出 Q_1、Q_2 的

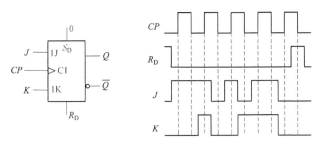

图 15‑18　题 15‑9 图

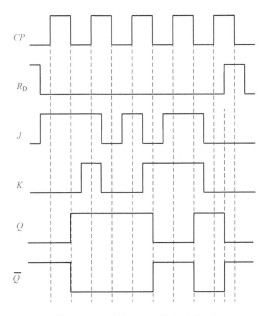

图 15‑19　题 15‑9 输出波形图

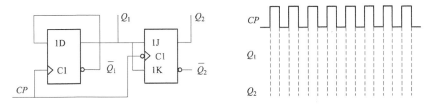

图 15‑20　题 15‑10 图

波形。设触发器 Q_1、Q_2 的初始状态均为 0。

解　根据边沿 D 触发器的功能表，在给定输入波形下，可得到输出波形，如图 15‑23 所示。

【15‑12】由门电路与触发器组成的电路如图 15‑24 所示，写出次态（Q_1^{n+1}、Q_2^{n+1}）与现态及输入变量的逻辑关系表达式；画出在给定输入信号 CP、A、B 共同作用下的 Q_1、Q_2 波形。设各触发器的初始状态均为 0。

解　根据逻辑门及其实现功能，以及边沿 D、JK 触发器的功能表和特性，在给定输入波形下，可得到输出波形，如图 15‑25 所示。

（1）写出触发器的特性方程为

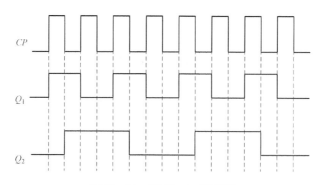

图 15-21 题 15-10 波形图

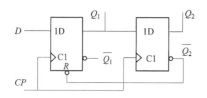 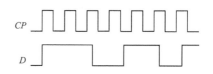

图 15-22 题 15-11 图

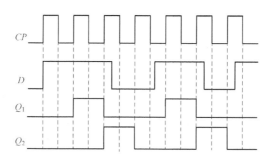

图 15-23 题 15-11 输出波形

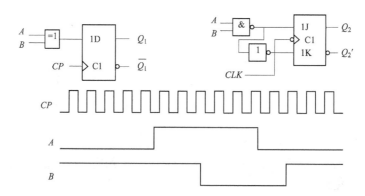

图 15-24 题 15-12 图

$$Q_1^{n+1} = D, \; Q_2^{n+1} = J\overline{Q_2} + \overline{K}Q_2$$

（2）根据逻辑门（异或门、与非门、非门），可得各个触发器的驱动方程为

$$D = A\overline{B} + \overline{A}B, \; J = \overline{AB}, \; K = \overline{\overline{AB}} = AB$$

（3）将各个触发器的驱动方程带入到触发器的特性方程中，可得

$$Q_1^{n+1} = A\overline{B} + \overline{A}B, \quad Q_2^{n+1} = \overline{AB}\,\overline{Q}_2 + \overline{AB}Q_2 = \overline{AB}(\overline{Q}_2 + Q_2) = \overline{AB}$$

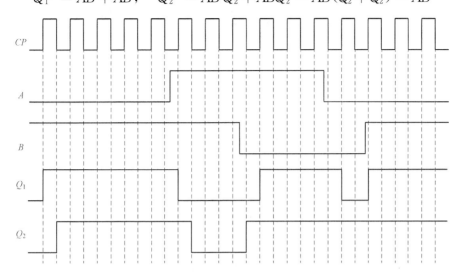

图 15 - 25　题 15 - 12 输出波形图

* 第16章　模拟量和数字量的转换

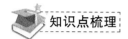知识点梳理

随着计算机控制技术的飞速发展，数字技术在工业、农业、国防科技等领域得到广泛应用。在实际生产过程中，大多数被控物理量是以模拟信号的形式存在的，采用数字控制技术需要将反映被控信息的模拟信号转换为数字信号，才能传输给数字计算机系统进行运算和处理。计算机输出的是数字量，为了实现对被控制对象的控制，需要将数字量转换为模拟量。将数字量转换为模拟量的电路称为数模转换器，简称 D/A 转换器（DAC）。将模拟量转换为数字量的装置为模数转换器，简称 A/D 转换器（ADC）。常见的 D/A 转换器中，有权电阻网络 D/A 转换器、倒 T 型电阻网络 D/A 转换器等类型。常见的 A/D 转换器的类型也有很多种，可以分为直接 A/D 转换器和间接 A/D 转换器两大类。在直接 A/D 转换器中，输入的模拟电压信号直接被转换成相应的数字信号；而在间接 A/D 转换器中，输入的模拟信号首先被转换成某种中间变量（如时间、频率等），然后再将这个中间变量转换为输出数字信号。A/D 转换器从转换原理上可分为逐次逼近型 A/D 转换器、计数比较型 A/D 转换器、双积分 A/D 转换器等。

本章核心内容导读如图 16 - 1 所示。

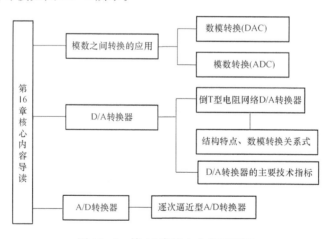

图 16 - 1　第 16 章核心内容导读图

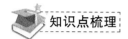习题详解

【16 - 1】在图 16 - 2 所示倒 T 型电阻网络 DAC 中，若设 $V_{REF} = -10V$，$R_F = R$，试求输出模拟电压 u_O 的最小值和最大值。

解　根据倒 T 型 DAC 的结构和工作原理以及题意要求，本题解析如下：

若设 $V_{REF} = -10V$，$R_F = R$，可得到

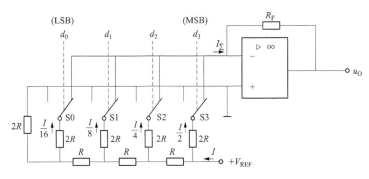

图 16 - 2 倒 T 型电阻网络 D/A 转换器

$$u_O = \frac{10}{2^4}(d_3 2^3 + d_2 2^2 + d_1 2^1 + d_0 2^0)$$

(1) 当 $d_3 d_2 d_1 d_0 = 0001$ 时

$$u_O = 0.625 \text{（V）}$$

(2) 当 $d_3 d_2 d_1 d_0 = 1111$ 时

$$u_O = \frac{10}{2^4} (2^3 + 2^2 + 2^1 + 2^0) = 9.375 \text{（V）}$$

【16 - 2】 在图 16 - 2 所示倒 T 型电阻网络 DAC 中，若设 $V_{REF} = 10V$，$R_F = R = 10k\Omega$。当 $d_3 d_2 d_1 d_0 = 1010$ 时，试求各条支路电流。

解 根据集成运放的"虚短"和"虚断"的概念，不难分析，电流 $I = V_{REF}/R$，而每条支路的电流分别为 $I/2$、$I/4$、$I/8$、$I/16$。

若取 $R = 10k\Omega$，则各个直流电流为

$$I = \frac{V_{REF}}{R} = \frac{10}{10} = 1(\text{mA})$$

每条支路的电流分别为

$$I/2 = 0.5\text{mA}, \ I/4 = 0.25\text{mA}, \ I/8 = 0.125\text{mA}, \ I/16 = 0.0625\text{mA}$$

【16 - 3】 在图 16 - 2 所示倒 T 型电阻网络 DAC 中，若 $V_{REF} = 10V$，$R_F = R = 10k\Omega$。当 $d_3 d_2 d_1 d_0 = 1011$ 时，试求输出模拟电压 u_O。

解 根据倒 T 型 DAC 的结构，分析可得输出与输入之间的关系表达式为

$$u_O = -\frac{V_{REF}}{2^4} \cdot \frac{R_F}{R}(d_3 2^3 + d_2 2^2 + d_1 2^1 + d_0 2^0)$$

当 $R_F = R = 10k\Omega$，$V_{REF} = 10V$，有

$$u_O = -\frac{10}{2^4} \times (1 \times 2^3 + 0 \times 2^2 + 1 \times 2^1 + 1 \times 2^0)$$

$$= -\frac{10}{2^4} \times 11$$

$$= -6.875(\text{V})$$

【16 - 4】 在图 16 - 2 所示倒 T 型电阻网络 DAC 中，若输出模拟电压的最小值为 0.313V 时，当输入数字量为 1010 时，输出模拟电压为多少？

解 根据倒 T 型 DAC 的结构，分析可得：

输出与输入之间的关系表达式为

$$u_O = -\frac{V_{REF}}{2^4} \cdot \frac{R_F}{R}(d_3 2^3 + d_2 2^2 + d_1 2^1 + d_0 2^0)$$

当 $d_3 d_2 d_1 d_0 = 0001$ 时，有最小值，即

$$u_O = -\frac{V_{REF}}{2^4} \cdot \frac{R_F}{R}(0 \times 2^3 + 0 \times 2^2 + 0 \times 2^1 + 1 \times 2^0) = 0.313(V)$$

得到

$$-\frac{V_{REF}}{2^4} \cdot \frac{R_F}{R} = 0.313V$$

当 $d_3 d_2 d_1 d_0 = 1010$ 时，输出为

$$u_O = 0.313 \times (1 \times 2^3 + 0 \times 2^2 + 1 \times 2^1 + 0 \times 2^0) = 0.313 \times 10 = 3.13(V)$$

【16-5】在图 16-2 在倒 T 型电阻网络 DAC 中，当输入数字量为 1 时，输出模拟电压为 4.885mV。而最大输出电压为 10V，试问该 DAC 的位数是多少?

解　根据倒 T 型 DAC 的结构和工作原理，得到 n 位数字量输入的倒 T 型电阻网络 D/A 转换器，其输出电压 u_O 可表示为

$$u_O = -\frac{V_{REF}}{2^n}(d_{n-1} 2^{n-1} + d_{n-2} 2^{n-2} + \cdots + d_1 2^1 + d_0 2^0)$$

(1) 当输入数字量为 1 时，输出模拟电压为 4.885mV，即

$$u_O = -\frac{V_{REF}}{2^n}(0 \times 2^{n-1} + 0 \times 2^{n-2} + \cdots + 0 \times 2^1 + 1 \times 2^0) = -\frac{V_{REF}}{2^n} = 4.885(mV)$$

(2) 当输入数字量最大，全为 1 时，输出模拟电压为 10V，即

$$u_O = -\frac{V_{REF}}{2^n}(1 \times 2^{n-1} + 1 \times 2^{n-2} + \cdots + 1 \times 2^1 + 1 \times 2^0) = -\frac{V_{REF}}{2^n} \times (2^n - 1) = 10(V)$$

经整理，得

$$2^n - 1 = \frac{10}{4.885 \times 10^{-3}} = 2047$$

解得

$$n = 11$$

因此，该 DAC 的位数是 11 位。

【16-6】8 位 DAC 输入数字量为 00000001 时，输出电压为 $-0.04V$，试求输入数字量为 10000000 和 01101000 时对应的输出电压。

解　根据倒 T 型 DAC 的结构和工作原理，得到 n 位数字量输入的倒 T 型电阻网络 D/A 转换器，输出与输入之间的关系表达式为

$$u_O = -\frac{V_{REF}}{2^n}(d_{n-1} \times 2^{n-1} + d_{n-2} \times 2^{n-2} + \cdots + d_1 \times 2^1 + d_0 \times 2^0)$$

当 $n = 8$ 时

$$u_O = -\frac{V_{REF}}{2^8}(d_7 \times 2^7 + d_6 \times 2^6 + \cdots + d_1 \times 2^1 + d_0 \times 2^0)$$

根据题意，8 位输入数字量为 00000001 时，输出电压为 $-0.04V$，即

$$u_O = -\frac{V_{REF}}{2^8}(0 \times 2^7 + 0 \times 2^6 + \cdots + 0 \times 2^1 + 1 \times 2^0) = -0.04$$

解得
$$V_{REF} = 0.04 \times 2^8 = 10.24(V)$$

(1) 当输入数字量为 10000000 时，输出电压为
$$u_O = -\frac{V_{REF}}{2^8}(1 \times 2^7 + 0 \times 2^6 + \cdots + 0 \times 2^1 + 0 \times 2^0) = -\frac{10.24}{2^8} \times 2^7 = -5.12(V)$$

(2) 当输入数字量为 01101000 时，输出电压为
$$u_O = -\frac{V_{REF}}{2^8}(0 \times 2^7 + 1 \times 2^6 + 1 \times 2^5 + 0 \times 2^4 + 1 \times 2^3 + 0 \times 2^2 + 0 \times 2^1 + 0 \times 2^0)$$
$$= -\frac{10.24}{2^8} \times 104$$
$$= -4.16(V)$$

【16-7】某 DAC 的最小输出电压为 0.04V，最大输出电压为 10.2V，试求该转换器的分辨率和位数。

解 根据倒 T 型 DAC 的结构和工作原理，得到 n 位数字量输入的倒 T 型电阻网络 D/A 转换器，输出与输入之间的关系表达式为
$$u_O = -\frac{V_{REF}}{2^n}(d_{n-1} \times 2^{n-1} + d_{n-2} \times 2^{n-2} + \cdots + d_1 \times 2^1 + d_0 \times 2^0)$$

(1) 当输入数字量，只有最低位为 1 时，输出最小值，即
$$u_O = -\frac{V_{REF}}{2^n}(0 \times 2^{n-1} + 0 \times 2^{n-2} + \cdots + 0 \times 2^1 + 1 \times 2^0) = 0.04(V)$$

得到
$$V_{REF} = -0.04 \times 2^n = -\frac{2^{n+2}}{100}(V)$$

(2) 当输入数字量，全都为 1 时，输出最大值，即
$$u_o = -\frac{V_{REF}}{2^n}(1 \times 2^{n-1} + 1 \times 2^{n-2} + \cdots + 1 \times 2^1 + 1 \times 2^0) = 10.2$$

得到
$$V_{REF} = -\frac{10.2 \times 2^n}{2^n - 1}$$

综合以上两个等式，解得
$$V_{REF} = 10.2V, \qquad n = 8(位)$$

该 DAC 的分辨率为
$$q = \frac{1}{2^8 - 1} = \frac{1}{255} \approx 4(mV)$$

【16-8】在 4 位逐次逼近型 A/D 转换器中，设若 $V_{REF} = -10V$，$U_I = 8.2V$，试说明逐次逼近的工作过程和转换结果。

解 4 位逐次逼近型 ADC 的结构，如图 16-3 所示。

转换前，将 FF3、FF2、FF1、FF0 清零，并置顺序脉冲 $Q_4 Q_3 Q_2 Q_1 Q_0 = 10000$ 状态。

当第一个时钟脉冲 CP 的上升沿来到时，使逐次逼近寄存器的输出 $d_3 d_2 d_1 d_0 = 1000$，加在 DAC 上。根据 DAC 输出与输入的关系式，此时 DAC 的输出电压为
$$u_O = -\frac{V_{REF}}{2^4}(d_3 \cdot 2^3 + d_2 \cdot 2^2 + d_1 \cdot 2^1 + d_0 2^0) = \frac{10}{16} \times 8 = 5(V)$$

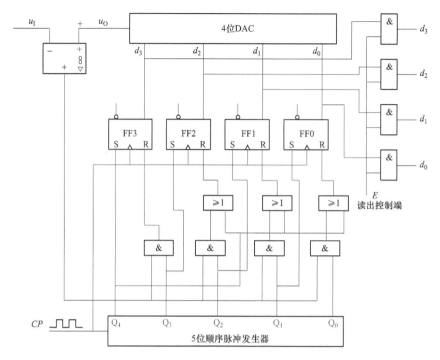

图 16-3 4 位逐次逼近型 A/D 转换器的原理电路

因 $u_O < u_I$，故电压比较器输出为 0。同时，顺序脉冲右移 1 位，变为 $Q_4 Q_3 Q_2 Q_1 Q_0 = 01000$ 状态。

当第二个时钟脉冲 CP 的上升沿来到时，使逐次逼近寄存器的输出 $d_3 d_2 d_1 d_0 = 1100$，此时 DAC 的输出电压为 $u_O = \frac{10}{16} \times 12 = 7.5$ （V），$u_O < u_I$，比较器的输出为 0。同时，顺序脉冲右移 1 位，变为 $Q_4 Q_3 Q_2 Q_1 Q_0 = 00100$ 状态。

当第三个时钟脉冲 CP 的上升沿来到时，使逐次逼近寄存器的输出 $d_3 d_2 d_1 d_0 = 1010$，此时 DAC 的输出电压为 $u_O = \frac{10}{16} \times 14 = 8.75$ （V），$u_O > u_I$，比较器的输出为 1。同时，顺序脉冲右移 1 位，变为 $Q_4 Q_3 Q_2 Q_1 Q_0 = 00010$ 状态。

当第四个时钟脉冲 CP 的上升沿来到时，使逐次逼近寄存器的输出 $d_3 d_2 d_1 d_0 = 1011$，此时 DAC 的输出电压为 $u_O = \frac{10}{16} \times 13 = 8.125$ （V），$u_O \approx u_I$，比较器的输出为 0。同时，顺序脉冲右移 1 位，变为 $Q_4 Q_3 Q_2 Q_1 Q_0 = 00001$ 状态。

当第五个时钟脉冲 CP 的上升沿来到时，使逐次逼近寄存器的输出 $d_3 d_2 d_1 d_0 = 1011$，保持不变，此为转换结果。此时，若在 E 端输入一个正脉冲，则将四个读出与门开通，将 $d_3 d_2 d_1 d_0$ 进行输出。同时 $Q_4 Q_3 Q_2 Q_1 Q_0 = 10000$，返回到原始状态。

这样就完成了一次转换。转换过程如图 16-4 所示。

上例中转换误差为 0.02V。误差取决于转换器的位数，位数越多，误差越小。

【16-9】在逐次逼近型 A/D 转换器中，如果 8 位 DAC 的最大输出电压为 9.945V，试分析当输入电压为 6.435V 时，该 A/D 转换器输出的数字量为多少？

解 根据 DAC、ADC 的工作原理，输出与输入呈现正比例关系。并设当输入电压为 6.435V 时，A/D 转换器输出的数字量为 D。根据题意可得下列等式

$$\frac{2^8-1}{D} = \frac{9.945}{6.435}$$

解得

$$D = 166$$

即

$$1 \times 2^7 + 0 \times 2^6 + 1 \times 2^5 + 0 \times 2^4 + 0 \times 2^3 +$$
$$1 \times 2^2 + 1 \times 2^1 + 0 \times 2^0 = 166$$

因此输入数字量为

$$d_7 d_6 d_5 d_4 d_3 d_2 d_1 d_0 = 10100110$$

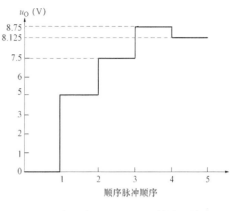

图 16-4 4 位逐次逼近型 A/D 转换器转换过程

【16-10】图 16-5 中，设计数器输出的高电平为 3.5V，低电平为 0V。当 $Q_3 Q_2 Q_1 Q_0 = 1000$，试求输出电压 u_o。

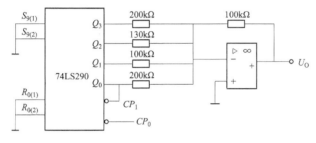

图 16-5 题 16-10 图

解 根据主教材表 15-9 74LS290 功能表可知，74LS290 是作为十进制计数器使用的，根据集成运放"虚短""虚断"概念，可得到输出与输入关系为

$$\frac{V_{\text{REF}}}{200}Q_3 + \frac{V_{\text{REF}}}{130}Q_2 + \frac{V_{\text{REF}}}{100}Q_1 + \frac{V_{\text{REF}}}{200}Q_0 = \frac{0 - u_O}{100}$$

经整理可得

$$u_O = -V_{\text{REF}} \left(\frac{1}{2}Q_3 + \frac{10}{13}Q_2 + Q_1 + \frac{1}{2}Q_0 \right)$$

当 $Q_3 Q_2 Q_1 Q_0 = 1001$，输出最大值为

$$u_O = -V_{\text{REF}} \left(\frac{1}{2} \times 1 + \frac{10}{13} \times 0 + 0 + \frac{1}{2} \times 1 \right) = 3.5(\text{V})$$

解得

$$V_{\text{REF}} = -3.5(\text{V})$$

当 $Q_3 Q_2 Q_1 Q_0 = 1000$，输出为

$$u_O = 3.5 \times \left(\frac{1}{2} \times 1 + \frac{10}{13} \times 0 + 0 + \frac{1}{2} \times 0 \right)$$
$$= 1.75(\text{V})$$

参 考 文 献

［1］郎佳红 . 电工电子技术与应用 . 北京：中国电力出版社，2018.

［2］秦曾煌 . 电工学（上、下册）.7 版 . 北京：高等教育出版社，2009.

［3］秦曾煌 . 电工学简明教程 .2 版 . 北京：高等教育出版社，2007.

［4］邱关源 . 电路 .5 版 . 北京：高等教育出版社，2006.

［5］秦曾煌 . 电工学学习指导 .5 版 . 北京：高等教育出版社，2001.